Courbes Algébriques Planes

Alain Chenciner

Courbes Algébriques Planes

 Springer

Alain Chenciner
Université Paris VII
Département de Mathématiques
2, Place Jussieu
75251 Paris Cedex 05
France

and

Astronomie et Systèmes Dynamiques,
IMCCE 77,
avenue Denfert Rochereau,
75014 Paris,
France
chencine@imcce.fr

Library of Congress Control Number: 2007931602

MSC (2000): 14-01, 14H50, 14H20

Première publication: Publications Mathématiques de l'Université Paris VII, 1978

Le dessin de la couverture est inspiré par une chorégraphie de trois corps découverte par Carles Simó

ISBN 978-3-540-33707-2 Springer Berlin Heidelberg New York

Springer is a part of Springer Science+Business Media
springer.com
© Springer-Verlag Berlin Heidelberg 2008

Typesetting by the author
Production: SPi, India
Cover design: WMXDesign, Heidelberg

Printed on acid-free paper   41/3180/SPi   5 4 3 2 1 0

Table des matières

Préface

Issu d'un cours de maîtrise de l'Université Paris 7, ce livre est republié tel qu'il était paru en 1978, à la correction près de quelques phrases trop peu écrites dans l'original. Il était, m'a-t-on dit, utile aux étudiants préparant l'agrégation et c'est ce qui m'a décidé à en proposer la republication.[*] *Je remercie Catriona Byrne d'avoir accueilli cette proposition avec sa souriante efficacité, Susanne Denskus d'en avoir suivi la réalisation avec bonne humeur et Jainendra K Jain d'en avoir assuré la composition avec patience. Merci à K. Venkatasubramanian (SPi, Inde) et Ellen Kattner pour la dernière étape. Merci enfin à Carles Simó qui m'a autorisé à transformer l'une de ses « chorégraphies » de trois corps en le paisible animal qui veille sur la couverture.*

À Paris
le 29 août 2006
A. Chenciner

---

[*] avec un clin d'œil amical à Raymonde Lombardo qui, il y a pas mal d'années , m'avait donné "le dernier exemplaire" agrémenté d'une jolie fleur.

Introduction

Ces notes correspondent à un cours de C4 que j'ai enseigné à Paris VII et à Nice à peu de choses près ce sont les notes qui ont été distribuées aux étudiants au jour le jour. J'ai préféré (pour de bonnes et de moins bonnes raisons) conserver l'aspect informel du texte plutôt qu'écrire un mille et unième livre sur ce sujet (ce pour quoi je ne suis pas compétent).

L'idée du cours était de traiter un problème particulier (le théorème de Bézout pour les courbes) et d'introduire à son propos certains outils permettant l'étude globale et locale d'une courbe (par exemple : notions projectives, théorème de préparation de Weierstrass, théorème de Puiseux, places, etc.). Les seules originalités sont les figures du chapitre IV (où l'on "voit" que $X^3 + Y^3 + Z^3 = 0$ est un tore) et le passage de Puiseux formel à Puiseux convergent (où les éclatements apparaissent naturellement). Les manques sont innombrables, ce qui n'empêche pas l'ensemble d'être trop long pour un cours d'1h30 annuelle.

Très ignorant au départ en ces matières, j'ai largement profité de la science de mes collègues et amis, en particulier J. Briançon, Y. Colombé, J. Emsalem, G. Jacob, Lê Dũng Tráng[1], M. Lejeune et B. Teissier.

Au soleil à Nice
le 25 Mai 1978
A. Chenciner

---

[1]*qui a de plus le mérite (!) de ne pas m'avoir laissé en paix jusqu'à ce que j'aie fourni les dernières corrections de ce texte (auxquelles il a d'ailleurs participé). Son efficacité ne laisse pas de m'inquiéter.*

0

Courbes algébriques planes

Sous-ensembles algébriques de C

Dans tout ce cours, les anneaux considérés sont commutatifs avec unité.

Soit K un corps, I un ensemble, et pour chaque $i \in I$, $\phi_i \in K[X]$ un polynôme à une indéterminée à coefficients dans K. Que peut-on dire de l'ensemble

$$V((\phi_i)_{i \in I}) = \{x \in K | \forall i \in I, \phi_i(x) = 0\}?$$

Tout d'abord, on a

$$V((\phi_i)_{i \in I}) = V(\mathcal{J}) = \{x \in K | \forall f \in \mathcal{J}, f(x) = 0\},$$

où $\mathcal{J}$ est l'*idéal* de $K[X]$ *engendré* par les ϕ_i, c'est-à-dire

$$\mathcal{J} = \{f \in K[X] | \exists p \in \mathbb{N}, \exists i_1, \dots, i_p \in I, \exists g_1, \dots, g_p \in K[X],$$

$$f = g_1 \phi_{i_1} + \cdots + g_p \phi_{i_p}\}.$$

Contrairement aux apparences, nous avons beaucoup gagné à augmenter ainsi le nombre des équations. Rappelons en effet que si K est un corps, $K[X]$ est un anneau *principal* : tout idéal $\mathcal{J}$ de $K[X]$ est principal, c'est-à-dire engendré par un seul élément (il suffit de prendre un élément $f \in \mathcal{J}$ de degré minimum et d'effectuer la division euclidienne par f de tous les éléments de $\mathcal{J}$; on note alors $\mathcal{J} = (f)$).

Si f est un générateur de l'idéal engendré par les $(\phi_i)_{i \in I}$, on obtient

$$V((\phi_i)_{i \in I}) = V(f) = \{x \in K | f(x) = 0\}.$$

Pour étudier $V(f)$ il faut maintenant comprendre la structure de f ; commençons par rappeler deux définitions :

Définition 0.0.1 – *Soit A un anneau intègre (i.e. sans diviseur de zéro) ; un élément $a \in A$ est dit irréductible (ou premier) si $a \neq 0$, a n'est pas une unité (i.e. un élément inversible), et si chaque fois que $a = bc$ avec $b, c \in A$, ou b ou c est une unité.*

Définition 0.0.2 – *Un anneau A est dit factoriel s'il est intègre et si tout élément a $\neq$ 0 $\in$ A admet une unique[1] factorisation en éléments irréductibles : cela signifie qu'il existe une unité u et des éléments irréductibles $p_1, \ldots, p_r$ tels que $a = up_1, \ldots, p_r$, et que si $a = vq_1, \ldots, q_s$ est une autre factorisation, on a $r = s$ et, après permutation éventuelle des indices, $p_i = u_i q_i$ où les u_i sont des unités.*

Théorème 0.0.3 – *Un anneau intègre et principal est factoriel.*

Par exemple, $\mathbb{Z}$ est factoriel.

Démonstration : Soit $a_0 \neq 0 \in A$ n'admettant pas de factorisation en éléments irréductibles ; en particulier, a_0 n'est pas irréductible, et s'écrit donc $a_0 = a_1 \cdot a'_1$, où ni a_1 ni a'_1 n'est une unité et où l'un au moins, par exemple a_1, n'admet pas de factorisation en éléments irréductibles ; on construit ainsi une suite infinie d'idéaux distincts

$$(a_0) \subsetneqq (a_1) \subsetneqq (a_2) \subsetneqq \ldots$$

((a_0) désigne l'idéal de A engendré par a_0).

Mais il est facile de voir qu'une telle suite devient stationnaire à un cran fini si A est principal, ce qui est une contradiction.

L'unicité vient d'un argument bien connu de divisibilité. (Voir Lang p. 71, 72).

Corollaire 0.0.4 – *Si K est un corps, K[X] est factoriel*
Si $f = u \prod_{i=1}^{k} f_i^{m_i}$ est une factorisation en éléments irréductibles, on voit que

$$V(f) = \bigcup_{i=1}^{k} V(f_i^{m_i}) = \bigcup_{i=1}^{k} V(f_i).$$

Il est en particulier clair que la donnée de $V(f)$ ne permet pas de retrouver f. Si $K = \mathbb{R}$, l'exemple $f(X) = X^2 + 1 \in \mathbb{R}[X]$ montre que la situation est désespérée. Sur $\mathbb{C}$, tout se passe le mieux possible grâce au théorème de d'Alembert–Gauss. Avant d'énoncer ce dernier, énonçons une proposition (dont la démonstration est laissée en exercice).

Proposition 0.0.5 – *Soit K un corps, les trois assertions suivantes sont équivalentes.*

(a) *Tout polynôme F, de degré supérieur ou égal à 1, de K[X] admet une racine dans K.*

(b) *Tout polynôme irréductible de K[X] est de degré 1.*

(c) *Tout polynôme non constant de K[X] se décompose en un produit de polynômes de degré 1.*

Définition 0.0.6 – *On dit qu'un corps K est algébriquement clos s'il vérifie l'une des trois propriétés équivalentes ci-dessus.*

---

[1] Il peut y avoir existence sans qu'il y ait unicité : dans $\mathbb{Z}[\sqrt{-5}]$, on a les deux décompositions $6 = 2.3 = (1 + \sqrt{-5})(1 - \sqrt{-5})$; ce genre d'exemple est à la base de la théorie des idéaux de Kummer.

Remarques 0.0.7 – 1. Un corps algébriquement clos a forcément une infinité d'éléments : si $K = \{x_1, \ldots, x_n\}$, le polynôme $f = \prod_{i=1}^{n}(X - x_i) + 1$ n'a pas de racine.

2. Tout corps peut être plongé dans un corps algébriquement clos (voir Lang : Algebra, p. 169–170).

Théorème 0.0.8 – (D'Alembert-Gauss) - Le corps $\mathbb{C}$ est algébriquement clos.

Démonstration : Il y en a beaucoup ; l'une des plus intuitives se trouve en exercice dans le livre d'Algèbre de Godement (exercice 25, p. 614) ; voir aussi « Topologie algébrique » de C. Godbillon (Hermann) et « Fonctions de variables complexes » de H. Cartan (Hermann).

Remarquer que ce théorème équivaut au théorème suivant :

Théorème 0.0.8′ – *Une fonction polynôme F : $\mathbb{C} \to \mathbb{C}$ est constante ou surjective.*

Définition 0.0.9 – *Soit $f \in K[X], x \in K$. On appelle multiplicité de x comme racine de f l'entier $m = m_x(f)$ défini par la condition suivante :*
1. *$f(X) = (X - x)^m g(X)$, avec $g(x) \neq 0$.*
Si K est un corps de caractéristique zéro, ceci équivaut à
2. *$\frac{\partial^i f}{\partial X^i}(x) = 0$ pour $i \leqslant m - 1$, $\frac{\partial^m f}{\partial X^m}(x) \neq 0$.*

On déduit du théorème 0.8 que tout $f \in \mathbb{C}[X]$ s'écrit

$$f = \alpha \prod_{x \in \mathbb{C}}(X - x)^{m_x(f)} = \alpha \prod_{i=1}^{k}(X - x_i)^{m_i}$$

(où $x_1, \ldots, x_k$ sont les racines de f, $m_i = m_{x_i}(f)$, et $\alpha \in K$).

Corollaire 0.0.10 – *Soient f et g deux éléments de $\mathbb{C}[X]$. On suppose que $\forall x \in V(f)$, $g(x) = 0$. Alors il existe un entier M tel que $g^M \in (f)$.*

Démonstration : $f = \alpha \prod_{i=1}^{k}(X - x_i)^{m_i}$, $V(f) = (x_1, \ldots, x_k)$; l'hypothèse s'écrit donc $g(x_i) = 0$ pour $i = 1, \ldots, k$, ce qui montre que g est divisible par $X - x_i$ pour tout i. Il suffit alors de prendre pour M le sup. des m_i.

Définition 0.0.11 – *Soient A un anneau et $\mathscr{A}$ un idéal de A. On appelle radical (ou racine) de $\mathscr{A}$, et on note rad $\mathscr{A}$, l'idéal (vérifier que c'en est un)*

$$\text{rad } \mathscr{A} = \{a \in A | \exists n \in \mathbb{C}, a^n \in \mathscr{A}\}.$$

Si E est un sous-ensemble de K, notons

$$I(E) = \{f \in K[X] | \forall x \in E, f(x) = 0\}.$$

C'est évidemment un idéal de $K[X]$.

Le corollaire 0.0.10 s'écrit encore

Corollaire 0.0.10′ – *Si $\mathcal{J}$ est un idéal de $\mathbb{C}[X]$, on a*

$$I(V(\mathcal{J})) = rad\ \mathcal{J}.$$

Revenons maintenant sur le polynôme $f \in \mathbb{C}[X]$,

$$f(X) = \alpha \prod_{i=1}^{k} (X - x_i)^{m_i}.$$

Le degré de f est attaché *globalement* au polynôme f, alors que $m_x(f)$ est attaché au comportement *local* de f « au voisinage de x ». La relation entre global et local est donnée par

$$m = \sum_{x \in \mathbb{C}} m_x(f) = \sum_{i=1}^{k} m_i.$$

Nous allons préciser cette relation local $\leftrightarrow$ global ; pour cela, rappelons que, si $\mathscr{A}$ est un idéal de l'anneau A, on peut définir un *anneau quotient* $A/\mathscr{A}$. D'autre part, un anneau tel que $K[X]$ a une structure supplémentaire, à savoir une structure d'espace vectoriel sur K compatible avec sa structure d'anneau (on dit que $K[X]$ est une *K-algèbre*) ; en particulier, un idéal $\mathcal{J}$ de $K[X]$ est aussi un sous-espace vectoriel de $K[X]$, et $K[X]/\mathcal{J}$ est de façon naturelle une K-algèbre, ce qui permet de parler de sa dimension sur K.

Lemme 0.0.12 – *Soit K un corps, $f \in K[X]$ un polynôme de degré m, on a*

$$\dim_K K[X]/(f) = m.$$

Démonstration : Si $g \in K[X]$, on peut écrire de façon *unique* $g = qf + r$ avec un reste r tel que degré $r <$ degré f ; cela montre que les classes des m éléments $1, X, X^2, \dots, X^{m-1}$ forment une base de $K[X]/(f)$.

Pour interpréter de façon semblable les $m_x(f)$, remarquons que d'après le lemme 0.0.12, on a

$$m_x(f) = \dim_K K[X]/(X - x)^{m_x(f)}.$$

Un moyen de concentrer l'attention sur x est de « rendre inversibles » les polynômes qui ne s'annulent pas en x. Ceci nous amène à considérer les anneaux suivants :

$K(X) = $ corps des fractions de l'anneau intègre $K[X]$, dont les éléments sont appelés « fractions rationnelles » ;
$\mathscr{O}_x(K)$ défini par

$$\mathscr{O}_x(K) = \left\{ \frac{p}{q} \in K(X) \mid q(x) \neq 0 \right\}.$$

On voit que $K[X] \subset \mathscr{O}_x(K) \subset K(X)$.

Lemme 0.0.13 – *Soit K un corps, $f \in K[X]$, $x \in \mathbb{C}$, $f \mathscr{O}_x(K)$ l'idéal de $\mathscr{O}_x(K)$ engendré par f ; on a*

$$\dim_K \mathscr{O}_x(K)/f \mathscr{O}_x(K) = m_x(f).$$

Démonstration : Par définition de $m_x(f)$, on peut écrire $f(X) = (X-x)^{m_x(f)} g(x)$, avec $g(x) \neq 0$. En particulier, g est une unité de $\mathscr{O}_x(K)$ et il reste à voir que $\mathscr{O}_x(K)/(X-x)^{m_x(f)}$ est engendré les classes de $1, X-x, \ldots, (X-x)^{m_x(f)-1}$ (utiliser l'algorithme de division suivant les puissances croissantes de X, après s'être ramené par translation à $x = 0$).

Nous pouvons maintenant déduire de l'égalité $m = \sum_{x \in \mathbb{C}} m_x(f) = \sum_{i=1}^{k} m_i$ (valable si k est algébriquement clos) le

Théorème 0.0.14 – *Soit K un corps algébriquement clos (par exemple $K = \mathbb{C}$), $f \in K[X]$. Soient $x_1, \ldots, x_k$ les racines de f ; il existe un isomorphisme naturel de K-algèbres*

$$K[X]/(f) \overset{\sim}{\longrightarrow} \prod_{i=1}^{k} \mathscr{O}_{x_i}(K)/f \mathscr{O}_{x_i}(K).$$

Démonstration : Considérés comme e.v. sur K, les deux membres ont la même dimension (d'après les lemmes 0.0.12, 0.0.13 et l'égalité $m = \sum_{i=1}^{k} m_i$). Pour voir que la flèche est un isomorphisme d'espaces vectoriels sur K, il suffit de vérifier que c'est un homomorphisme injectif, ce qui est facile ; le fait que la structure d'anneau soit préservée est tout aussi évident.

Bien entendu, un tel isomorphisme ne peut exister pour $K = \mathbb{R}$, comme le montre l'exemple $f(X) = X^2 + 1$.

Plan du Cours :

Dans le chapitre 1, nous verrons ce qui subsiste des propriétés que nous venons de passer en revue lorsqu'on remplace $K[X]$ par $K[X_1, \ldots, X_n]$.

Dans les chapitres suivants, nous nous limiterons au cas $n = 2$. Nous démontrerons en particulier le théorème de Bézout sur les intersections des courbes planes, ce qui nous amènera à parler de l'espace projectif.

Dans la deuxième partie, nous interpréterons en termes locaux les multiplicités d'intersections, et donnerons une autre démonstration du théorème de Bézout.

Bibliographie

Pour rédiger ce cours, j'ai puisé sans vergogne dans les sources suivantes :
• Sur les rappels d'algèbre
    R. Godement, Cours d'algèbre. Hermann 1966.

S. Lang, Algebra. Addison-Wesley 1965.

N. Bourbaki, Algèbre Chapitre 7. Hermann 1964.

- Sur le point de vue global

  W. Fulton, Algebraic curves. Benjamin 1969.

  Berthelot, Cours à Paris VII, 1971–1972. (Géométrie algébrique élémentaire).

  B. Teissier, Multiplicités. Cours à l'E.N.S. 1973–1974.

- Sur le point de vue local

  R.J. Walker, Algebraic curves, 1950 (Dover 1962).

  F. Pham, cours de 3ème cycle à Paris VII.

Pour ceux qui veulent poursuivre en algèbre commutative, je recommande vivement :

M.F. Atiyah et I.G. Macdonald, Introduction to commutative algebra, Addison-Wesley 1969.

Pour ceux qui veulent poursuivre en géométrie algébrique :

Shafarevitch, Foundations of algebraic geometry.

Enfin, pour ceux qui veulent remonter aux sources :

Sir I. Newton, Méthode des fluxions, Blanchard, 1966.

J. Dieudonné, Traité de Géométrie algébrique, Vol. 1, P.U.F., 1974.

1

Ensembles algébriques affines

1.1 Polynômes à plusieurs indéterminées[1] : premières propriétés

On peut, avec Godement, définir $A[X_1, \ldots, X_n]$ par récurrence par la formule $A[X_1, \ldots, X_n] = A[X_1, \ldots, X_{n-1}][X_n]$ et s'apercevoir que la variable X_n ne joue pas un rôle différent des autres, ou bien, avec Lang, donner tout de suite une définition symétrique. Dans tous les cas, on arrive à une écriture formelle $\Sigma a_{i_1 i_2 \ldots i_n} X_1^{i_1} \ldots X_n^{i_n}$ où seul un nombre fini des coefficients $a_{i_1 i_2 \ldots i_n}$ est différent de 0.

Nous venons de rappeler que, si K est un corps, l'anneau $K[X]$ est intègre, principal, et donc factoriel.

Il est clair que si A est un anneau intègre, $A[X]$ est un anneau intègre ; on en déduit par récurrence le

Lemme 1.1.1 – *Si K est un corps, $K[X_1, \ldots, X_n]$ est un anneau intègre.*

Il est clair que $K[X_1, \ldots, X_n]$ n'est pas principal (considérer l'idéal engendré par X_1, X_2 dans $K[X_1, X_2]$) ; nous verrons bientôt par quoi cette propriété est remplacée. Montrons maintenant le

Théorème 1.1.2 – *Si A est un anneau factoriel, $A[X]$ est un anneau factoriel.*

Corollaire 1.1.3 – *Si K est un corps, $K[X_1, \ldots, X_n]$ est un anneau factoriel.*

Démonstration du théorème 1.1.2 (voir les détails dans Lang p. 126–128).

Puisque A est intègre, A se plonge dans son corps des fractions K et donc $A[X] \subset K[X]$ qui est factoriel (voir 0.4). Le problème est alors de comparer les notions d'irréductibilité dans $A[X]$ et dans $K[X]$.

A étant factoriel, on montre facilement que tout élément $g \in K[X]$ s'écrit $g = C_g \cdot \tilde{g}$, où $C_g \in K$ et $\tilde{g} \in A[X]$ sont bien définis, à la multiplication près par une unité de A, par la condition suivante :

$\tilde{g} = \Sigma b_i X^i$, p.g.c.d. $(b_i) = 1$ (c'est-à-dire que tout élément de A divisant tous les b_i est forcément une unité). L'élément C_g s'appelle un *contenu* de g.

---

[1] J'utiliserai indifféremment les mots « variable » ou « indéterminée ».

En particulier, $C_{\tilde{g}} = 1$, et $g \in A[X] \Leftrightarrow C_g \in A$.

Soit $f \in A[X]$, et soit $f = \alpha \cdot q_1 \cdot q_2, \ldots, q_r$ une décomposition en facteurs irréductibles *dans* $K[X]$ (α est une unité de K. c'est-à-dire un élément $\neq 0$).

On en déduit $f = \alpha C_{q_1} C_{q_2}, \ldots, C_{q_r} \tilde{q}_1, \ldots, \tilde{q}_r$.

Pour conclure à l'existence d'une décomposition en facteurs irréductibles *dans* $A[X]$, on va montrer que

1. $\alpha C_{q_1} C_{q_2} \ldots C_{q_r} \in A$.

2. Les $\tilde{q}_i$ sont irréductibles dans $A[X]$.

C'est une conséquence des deux lemmes suivants :

Lemme 1. – *Si $\alpha \in K$, $g_1, g_2 \in K[X]$, on a :*

i) $C_{\alpha g_1} = \alpha C_{g_1}$.

ii) $C_{g_1 g_2} = C_{g_1} \cdot C_{g_2}$.

Lemme 2. – *$f \in A[X]$ est irréductible dans $A[X]$, si et seulement si :*
Ou bien $f \in A$ et f est irréductible dans A,
Ou bien f est irréductible dans $K[X]$ et $C_f = 1$.

Démonstration du Lemme 1. (i) est trivial ; on en déduit qu'il suffit de démontrer (ii) dans le cas où $C_{g_1} = C_{g_2} = 1$. Soit $g_1 = \Sigma a_i X^i$, $g_2 = \Sigma b_j X^j$, $g_1 \cdot g_2 = \Sigma C_k X^k$; soit p un élément irréductible de A. Par hypothèse, p ne divise pas tous les a_i et de même pour les b_j.

Soit $i_0 = \sup \{i : p$ ne divise pas $a_i\}$, $j_0 = \sup \{j : p$ ne divise pas $b_j\}$

Un calcul élémentaire montre que p ne divise pas $C_{i_0 \cdot j_0}$ d'où la conclusion[2].

Démonstration du Lemme 2. Si $f = \phi \cdot \psi$ dans $A[X]$ et si f est irréductible dans $K[X]$, ou ϕ ou ψ (par exemple ϕ) est une unité de $K[X]$, c'est-à-dire un élément $\neq 0$ de K.

Alors $C_f = \phi \cdot C_\psi$. Mais $C_\psi \in A$ et si l'on suppose $C_f = 1$, on voit que ϕ est une unité de A.

La réciproque se voit de façon analogue.

Pour conclure la démonstration du théorème, il faut voir l'unicité de la factorisation dans $A[X]$; celà découle facilement de l'unicité de la factorisation dans $K[X]$.

Remarque Décomposer un élément de $A[X_1, \ldots, X_n]$ en facteurs irréductibles est en général une entreprise très difficile, même pour des polynômes à une variable.

Le seul cas facile est celui de $\mathbb{C}[X]$ car, grâce au théorème de Gauss–d'Alembert, les éléments irréductibles sont toujours du premier degré.

La proposition suivante introduit la notion fondamentale d'*anneau noethérien* : ce mot vient de Emmy Noether (la fille de Max Noether) qui fut l'une des grandes pionnières de l'algèbre « moderne » (1882–1935).

---

[2] Cela revient à considérer les classes de g_1 et g_2 dans l'anneau *intègre* $A/(p)[X]$.

Proposition 1.1.4 – *Soit A un anneau ; les trois assertions suivantes sont équivalentes :*

(i) Tout idéal de A est de type fini (i.e. engendré par un nombre fini d'éléments de A).

(ii) Toute suite croissante (pour l'inclusion) d'idéaux de A est stationnaire.

(iii) Toute collection non vide d'idéaux de A possède un élément maximal.

Démonstration. Voir Lang page 142 ; il suffit de remplacer module par anneau et sous module par idéal, ou mieux encore d'apprendre ce qu'est un module sur un anneau. Il est bon, à ce point, de revoir la démonstration du théorème 0.3.

Définition 1.1.5 – *Un anneau A est dit noethérien si l'une des trois assertions de la proposition 1.1.4. est vraie.*

Remarque 1.1.6

1. Un anneau principal est noethérien.

2. Si A est un anneau noethérien, et si $\mathscr{A}$ est un idéal de A, $A/\mathscr{A}$ est un anneau noethérien : cela vient de ce que l'ensemble des idéaux de $A/\mathscr{A}$ est en bijection avec l'ensemble des idéaux de A qui contiennent $\mathscr{A}$.

Pour nous, le résultat fondamental est le

Théorème 1.1.7 *(Hilbert[3]) – Si A est un anneau noethérien, A[X] est un anneau noethérien.*

Corollaire 1.1.8 – *Si K est un corps, $K[X_1, \ldots, X_n]$ est un anneau noethérien.*

Remarque 1.1.9 – Cela devient complètement faux si on remplace les polynômes par les fonctions C^∞ (c'est-à-dire les applications $f : \mathbb{R}^n \to \mathbb{R}$ indéfiniment dérivables) et ceci même si $n = 1$!!!

Exemple $A = C^\infty(\mathbb{R}) = \{f : \mathbb{R} \to \mathbb{R}$ indéfiniment dérivables$\}$

$$A \supset I_n = \{f \in A, f(i) = 0 \text{ pour } i \in \mathbb{N}, i \geqslant n\}$$

On a bien entendu $I_n \subsetneq I_{n+1}$, d'où une suite croissante non stationnaire d'idéaux de A.

Remarquez bien que le seul polynôme appartenant à I_n est le polynôme nul (il devrait avoir une infinité de racines !).

La réunion $I = \bigcup_n I_n = \{f \in A, \exists n \in \mathbb{N}, f(i) = 0 \text{ pour } i \in \mathbb{N}, i \geqslant n\}$ est un idéal qui n'est sûrement pas de type fini.

Démonstration du théorème 1.1.7 – (voir Lang p. 144, 145). – On raisonne par récurrence sur le degré des éléments de l'idéal.

Plus précisément, soit I un idéal de $A[X]$, et soient $\alpha_1, \ldots, a_k \in A[X]$. Supposons que l'idéal engendré par $\alpha_1, \ldots, \alpha_k$ [noté $(\alpha_1, \ldots, \alpha_k)$] contienne tous les éléments

---

[3] Hilbert (1862–1943) fut un des mathématiciens les plus féconds de son temps, et le langage utilisé aujourd'hui en algèbre lui doit beaucoup.

de I de degré $< d$, et soit $f \in I$ un élément de degré d. Pour que $(\alpha_1, \ldots, \alpha_k)$ contienne f, il suffit que $(\alpha_1, \ldots, \alpha_k)$ contienne un élément g de degré d, $g \in I$, *ayant même terme de plus haut degré que* f (i.e. tel que degré $(f - g) < d$).

On démontre alors facilement que les f_{ij} construits ci-dessous engendrent I : soit $\mathscr{A}_i = \{a \in A, \exists$ un polynôme $a_0 + a_1 X + \ldots + a X^i \in I\}$.

Les $\mathscr{A}_i$ forment une suite croissante d'idéaux de A ; A étant noethérien, il existe r tel que $i \geqslant r \Rightarrow \mathscr{A}_i = \mathscr{A}_r$. Soient $a_{01}, \ldots, a_{0n_0}$ des générateurs de $\mathscr{A}_0$

$$a_{11}, \ldots, a_{1n_1} \text{ des générateurs de } \mathscr{A}_1$$

$$\text{- -}$$

$$a_{r1}, \ldots, a_{rn_r} \text{ des générateurs de } \mathscr{A}_r.$$

Si $0 \leqslant i \leqslant r$ et $1 \leqslant j \leqslant n_i$, on choisit $f_{ij} \in I$ de la forme $f_{ij} = b_0 + b_1 X + \ldots + a_{ij} X^i$.

Remarque 1.1.10 – Il est naturel de se demander s'il existe une borne supérieure au nombre de générateurs minimal pour un idéal de $\mathbb{C}[X_1, \ldots, X_n]$.

Si $n = 1$, $\mathbb{C}[X]$ est principal et ce nombre est 1.

Si $n = 2$, il n'existe déjà plus de borne supérieure, comme le montre l'exemple de l'idéal de $\mathbb{C}[X_1, X_2]$ engendré par X_1^p, $X_1^{p-1} \cdot X_2$, $X_1^{p-2} \cdot X_2^2, \ldots, X_1 \cdot X_2^{p-1}$, X_2^p ; cet idéal ne peut pas être engendré par moins de $p + 1$ générateurs.

Corollaire 1.1.11 – *Soit K un corps. Tout quotient de $K[X_1, \ldots, X_n]$ par un idéal est un anneau noethérien (un tel quotient s'appelle une K-algèbre de type fini).*

1.2 Ensembles algébriques affines : le théorème des zéros

Si K est un corps, on appelle espace affine de dimension n sur K le produit K^n ; on le note aussi $\mathbb{A}^n(K)$ (ou $\mathbb{A}^n$ s'il n'y a pas d'ambiguïté sur K).

Par exemple, $\mathbb{A}^1(K) = K$ est la droite affine, $\mathbb{A}^2(K) = K^2$ est le plan affine, *etc...*

Définition 1.2.1 – *Un sous-ensemble E de K^n est dit algébrique s'il existe un sous-ensemble S de $K[X_1, \ldots, X_n]$ tel que $E = \{x \in K^n | \forall f \in S, f(x) = 0\}$. On note $E = V(S)$.*

Soit $\mathcal{J}$ l'idéal de $K[X_1, \ldots, X_n]$ engendré par les éléments de S ; il est clair que $V(S) = V(\mathcal{J})$.

On voit facilement qu'une intersection quelconque d'ensembles algébriques est encore algébrique, et qu'une union *finie* d'ensembles algébriques est algébrique. En particulier, tout sous-ensemble fini de K^n est algébrique (exercice).

On déduit du corollaire 1.1.8 que tout sous-ensemble algébrique de K^n peut s'écrire comme l'ensemble des zéros communs d'un *nombre fini* de polynômes, ce qui montre la force du théorème 1.1.7.

Remarque 1.2.2 – Dans le contexte différentiable, on a le théorème suivant, dû à H. Whitney : *Quel que soit $F \subset \mathbb{R}^n$ fermé, il existe $f : \mathbb{R}^n \to \mathbb{R}$ de classe C^∞, telle que $f^{-1}(0) = F$.*

Exemples Un ensemble algébrique défini par un seul polynôme $f \in K[X_1, \ldots, X_n]$ s'appelle une hypersurface algébrique de K^n. Si $n = 2$, on parle de courbe algébrique plane (définie sur K).

Lorsque le degré du polynôme est égal à 1, on parle d'hyperplan de K^n.

Exercices

1. Tracer $V(f_{a,b}) \subset \mathbb{R}^2$ pour $f_{a,b}(X, Y) = Y^2 - X^3 - aX^2 - bX$.

2. Chercher un moyen de vous représenter $V(Y^2 - X^3) \subset \mathbb{C}^2 \cong R^4$.

3. Tracer $V(X^2(X - 1)^2 + Y^2) \subset \mathbb{R}^2$ (eh oui, c'est une courbe mais $\mathbb{R}$ n'est pas algébriquement clos !).

4. Tracer $V(Y^2 - X^2Z) \subset \mathbb{R}^3$ (eh oui, c'est une surface !).

Posons-nous maintenant la même question qu'au chapitre 0 : que peut-on connaître de l'idéal $\mathcal{J}$ si l'on ne connait que $V(\mathcal{J})$?

Comme au chapitre 0, si E est un sous-ensemble de K^n, nous considérons l'idéal

$$I(E) = \{f \in K[X_1, \ldots, X_n] | \forall x \in E, \ f(x) = 0\}.$$

Il est évident que

$$E \subset V(I(E)).$$

De même, si $\mathcal{J}$ est un idéal de $K[X_1, \ldots, X_n]$,

$$\mathcal{J} \subset I(V(\mathcal{J})).$$

Bien entendu, ces inclusions sont en général strictes !

Exercice Montrez-le sur des exemples.

Lemme 1.2.3 – *Pour tout sous-ensemble E de K^n, on a*

$$I(E) = I(V(I(E))).$$

Pour tout idéal $\mathcal{J}$ de $K[X_1, \ldots, X_n]$, on a

$$V(\mathcal{J}) = V(I(V(\mathcal{J}))).$$

La démonstration est un exercice facile si on remarque que

$$(E \subset E') \Rightarrow (I(E) \supset I(E')), \text{ et}$$
$$(\mathcal{J} \subset \mathcal{J}') \Rightarrow (V(\mathcal{J}) \supset V(\mathcal{J}')).$$

Lemme 1.2.4 – *E est algébrique si et seulement si $E = V(I(E))$.*

Encore un exercice facile.

Nous pouvons énoncer maintenant l'analogue du Corollaire 0.0.10'.

Théorème 1.2.5 – *(Le théorème des zéros de Hilbert)*[4]. – *Soit K un corps algébriquement clos, soit $\mathcal{J}$ un idéal de $K[X_1, \ldots, X_n]$. On a*

$$I(V(\mathcal{J})) = rad\ \mathcal{J}.$$

La démonstration de ce théorème (tirée de Fulton) va nous occuper un certain temps. Montrons tout d'abord qu'on peut déduire le théorème 1.2.5 du théorème suivant (comparer au chapitre 0) :

Théorème 1.2.6 – *Soit K un corps algébriquement clos. Si $\mathcal{J}$ est un idéal propre (i.e. distinct de l'anneau tout entier) de $K[X_1, \ldots, X_n]$, alors $V(\mathcal{J}) \neq \phi$.*

Démonstration de l'implication 1.2.6 ⇒ 1.2.5 (Rabinowitsch). Tout d'abord, Rad $\mathcal{J} \subset I(V(\text{Rad } \mathcal{J})) = I(V(\mathcal{J}))$.

Pour la réciproque, on peut supposer que $\mathcal{J}$ est engendré par les polynômes $F_1, \ldots, F_r \in K[X_1, \ldots, X_n]$.

Soit $G \in I(V(\mathcal{J}))$, et soit $\mathcal{J}$ l'idéal de $K[X_1, \ldots, X_{n+1}]$ engendré par $F_1, \ldots, F_r$, $X_{n+1} \cdot G - 1$. On a $V(\mathcal{J}) = \phi$; d'après le théorème 1.2.6, il existe des éléments $A_1, \ldots, A_r, B$ de $K[X_1, \ldots, X_{n+1}]$ tels que

$$1 = \sum_{i=1}^{r} A_i F_i + B(X_{n+1} G - 1).$$

Effectuons la *substitution* $Y = \frac{1}{X_{n+1}}$ et réduisons l'égalité précédente au même dénominateur : on obtient des éléments $C_1, \ldots, C_r, D \in K[X_1, \ldots, X_n, Y]$ tels que

$$Y^N = \sum_{i=1}^{r} C_i F_i + D(G - Y).$$

Il ne reste plus qu'à substituer G à la place de Y pour obtenir que $G \in \text{Rad } \mathcal{J}$.

Démonstration du théorème 1.2.6. – Soit $\mathcal{J}$ un idéal propre de $K[X_1, \ldots, X_n]$; on déduit de la proposition 1.1.4 (iii) appliquée à la collection de tous les idéaux propres contenant $\mathcal{J}$ que $\mathcal{J}$ est contenu dans un *idéal maximal*. Puisque $V(\mathcal{J}) \supset V(\mathcal{J}')$ dès que $\mathcal{J} \subset \mathcal{J}'$, on peut supposer que $\mathcal{J}$ lui-même est un idéal maximal ou, ce qui est équivalent (exercice !), que $K[X_1, \ldots, X_n]/\mathcal{J} = L$ est un corps.

Supposons que $L = K$: $\forall i, \exists a_i \in K$ tel que les classes de X_i et de a_i modulo $\mathcal{J}$ coïncident, c'est-à-dire $X_i - a_i \in \mathcal{J}$. On en déduit que $\mathcal{J}$ coïncide avec l'idéal maximal engendré par $X_1 - a_1, \ldots, X_n - a_n$, et donc que :

$$V(\mathcal{J}) = \{(a_1, \ldots, a_n)\} \neq \phi.$$

Il nous reste donc à démontrer le

---

[4] En allemand « Nullstellensatz ».

Théorème 1.2.7 – *Soit K un corps algébriquement clos. On suppose que K est un sous-corps du corps L. Si L est une K-algèbre de type fini, L est égal à K.*

L'hypothèse signifie qu'il existe un entier n et un homomorphisme d'anneaux surjectif de $K[X_1, \ldots, X_n]$ sur L, qui est l'identité sur K ; on peut dire aussi qu'il existe $x_1, \ldots, x_n \in L$ tels que $L = K[x_1, \ldots, x_n]$, plus petit sous-anneau de L contenant $K, x_1, \ldots, x_n$.

Exercice Montrer que $K = \mathbb{R}$ et $L = \mathbb{C}$ est un contre-exemple à théorème 1.2.7 sans l'hypothèse K algébriquement clos.

Avant de démontrer ce théorème, il est commode de faire quelques préliminaires.

Définition 1.2.8 – *Soit B un anneau, A un sous-anneau de B. Un élément $x \in B$ est dit entier sur A s'il existe un polynôme*

$$F = X^n + a_1 X^{n-1} + \ldots + a_n \in A[X]$$

tel que $F(x) = 0$ (noter que le coefficient du terme de plus haut degré est égal à 1).

Lorsque A et B sont des corps, on parle plutôt d'élément *algébrique* sur A (remarquer qu'alors le coefficient du terme de plus haut degré peut être quelconque puisqu'il sera de toute façon inversible).

Proposition 1.2.9 – *Soit B un anneau, A un sous-anneau de B, $x \in B$. Les assertions suivantes sont équivalentes :*
(i) x est entier sur A.
(ii) A[X] est un A-module de type fini[5].
(iii) Il existe un sous-anneau C de B qui contient A et x et qui est un A-module de type fini.

Démonstration. (i) $\Rightarrow$ (ii) $\Rightarrow$ (iii) est un exercice facile. Montrons que (iii) $\Rightarrow$ (i).

Supposons que C est engendré par $y_1, \ldots, y_n$ comme A-module, ce qu'on notera $C = \sum\limits_{i=1}^{n} Ay_i$.

Puisque $x \in C$, $xy_i \in C$ pour tout i, donc

$$xy_i = \sum_{j=1}^{n} a_{ij} y_j, \ a_{ij} \in A,$$

c'est-à-dire $MY = 0$, où

$$M = \begin{pmatrix} a_{11} - x & a_{12} \ldots \ldots \ldots \ldots a_{1n} \\ a_{21} & \vdots \\ \vdots & \vdots \\ \vdots & \vdots \\ a_{n1} \ldots \ldots \ldots \ldots \ldots \ldots \ldots a_{nn} - x \end{pmatrix}, \quad Y = \begin{pmatrix} y_1 \\ \vdots \\ \vdots \\ \vdots \\ y_n \end{pmatrix}.$$

---

[5]$A[x]$ est le plus petit sous-anneau de B contenant A et x. Pour ce qui concerne les modules, voir Godement ou Fulton (les définitions sont les mêmes que pour les espaces vectoriels, mais le corps de base est remplacé par un anneau).

On sait bien que pour toute matrice M, la matrice $\tilde{M}$ des cofacteurs vérifie

$$\tilde{M}.M = \det M.1_n$$

(voir Godement p. 323). On en déduit $0 = \tilde{M}MY = (\det M)Y$.

Les y_i engendrant C comme A-module, on en déduit que

$$\forall y \in C, (\det M)y = 0.$$

En particulier $1.\det M = 0$, donc $\det M = 0$.

Puisque x n'apparaît que dans la diagonale de M, $\det M$ est un polynôme en x à coefficients dans A dont le terme de plus haut degré a pour coefficient $(-1)^n$. On en déduit immédiatement que x est entier sur A.

Remarque L'existence d'une relation $\sum\limits_{i=0}^{n} a_i x^i = 0$ était évidente puisque, pour tout i, $x^i \in C$ qui est de type fini sur A. Le problème était de trouver une telle relation avec a_n inversible, ce qu'on réalise en écrivant que l'endomorphisme de multiplication par x annule son polynôme caractéristique (comparer au théorème de Cayley–Hamilton).

Corollaire 1.2.10 – *Soit B un anneau, A un sous-anneau de B. L'ensemble des éléments de B qui sont entiers sur A est un sous-anneau de B contenant A.*

Démonstration. Si x est entier sur A, $A[x]$ est un A-module de type fini d'après (ii). Si y est entier sur A, y est a fortiori entier sur $A[x]$ qui contient A, donc $A[x][y] = A[x, y]$ est un module de type fini sur $A[x]$. On en déduit (exercice) que $A[x, y]$ est un module de type fini sur A. Puisque $x \pm y$ et $xy \in A[x, y]$, on conclut par (iii) que ces éléments sont entiers sur A.

Exercice Quels sont les éléments de B entiers sur A lorsque :

1. $B = \mathbb{Q}, A = \mathbb{Z}$;

2. $B = \mathbb{C}, A = \mathbb{Z}$;

3. $B = Q(i), A = \mathbb{Z}$ (comparer à Bourbaki, chapitre VII, algèbre, §1 exercice 8) ;

4. B est le corps des fractions de l'anneau principal A.

Voici maintenant un cas particulier trivial du théorème 1.2.7.

Lemme 1.2.11 – *Soit K un corps algébriquement clos. On suppose que K est un sous-corps du corps L. Si L est un espace vectoriel sur K de dimension finie, L est égal à K.*

Démonstration. On commence par remarquer que tout élément $x \in L$ est algébrique sur K (sinon les éléments $1, x, x^2, \ldots, x^n, \ldots$ seraient indépendants sur K, et la dimension de L comme K e.v. serait infinie) : on dit que L est une *extension algébrique* de K.

Il reste à voir que si x est algébrique sur K, $x \in K$. Soit $F \in K[X]$ tel que $F[x] = 0$. Puisque K est algébriquement clos. $F[X] = \alpha \prod\limits_{i=1}^{k} (X - x_i)^{m_i}$, $x_i \in K$.

Puisque $F(x) = 0$, $\exists i$ tel que $x = x_i \in K$.

Pour démontrer le théorème 1.2.7, il ne reste plus qu'à démontrer la proposition suivante, qui ne fait plus intervenir l'hypothèse que K est algébriquement clos :

Proposition 1.2.12 – *(Zariski) – Soit K un corps. On suppose que K est un sous-corps du corps L. Si L est une K-algèbre de type fini, L est un K-espace vectoriel de dimension finie.*

Démonstration. Par hypothèse, il existe $x_1, \ldots, x_n \in L$ tels que $L = K[x_1, \ldots, x_n]$. On raisonne par récurrence sur n.

1. *Supposons $n = 1$* : $L = L[x] \cong K[X]/\mathrm{Ker}\,\phi$, où ϕ est l'homomorphisme de $K[X]$ sur L défini par $\phi(X) = x$. Puisque $K[X]$ est principal, il existe $F \in K[X]$ tel que $\mathrm{Ker}\,\phi = (F)$. Puisque L est un corps, (F) est *maximal* ; en particulier $F \neq \phi$. Enfin, $F(x) = 0$, donc x est algébrique sur K, et $L = \sum_{i=0}^{k} Kx^i$ si degré $F = k + 1$.

2. *n quelconque* : on suppose la proposition établie lorsque $L = K[x_1, \ldots, x_k]$, $k \leqslant n - 1$. Supposons donc $L = K[x_1, \ldots, x_n]$. Considérons le plus petit sous-corps K_1 de L contenant K et x_1 : $K_1 = K(x_1)$. On a $L = K_1[x_2, \ldots, x_n]$ et donc, d'après l'hypothèse de récurrence. L est un K_1-espace vectoriel de dimension finie.

1er cas : x_1 est algébrique sur K. Alors $K[x_1] \cong K[X]/[F]$. Puisque $K[x_1] \subset L$ est intègre, F est irréductible donc (F) est maximal, donc $K[x_1]$ est un corps, donc $K[x_1] = K(x_1) = K_1$. On en déduit que K_1 est un espace vectoriel de dimension finie sur K, et on conclut facilement.

2ème cas : x_1 n'est pas algébrique sur K. Nous allons voir que ce dernier cas ne peut pas se produire.

Puisque L est de dimension finie sur K_1, chaque x_i est algébrique sur K_1. On a donc des équations

$$x_i^{n_i} + a_{i1}x_i^{n_i-1} + \ldots + a_{in_i} = 0, \ a_{ij} \in K_1.$$

Soit $a \in K[x_1]$ un multiple de tous les dénominateurs des a_{ij}. En multipliant par a^{n_i} on obtient des équations

$$(ax_i)^{n_i} + b_{i1}(ax_i)^{n_i-1} + \ldots + b_{in_i} = 0.$$

à coefficients $b_{ij} \in K[x_1]$. Les ax_i sont donc entiers sur $K[x_1]$ pour $i = 2, \ldots, n$.

Soit $y = \sum_{\text{finie}} \alpha_{i_2 i_3 \ldots i_n} x_2^{i_2} \ldots x_n^{i_n} \in L = K[x_1][x_2, \ldots, x_n]$. Il est clair qu'il existe un entier N tel que $a^N y = \sum_{\text{finie}} \beta_{i_2 \ldots i_n}(ax_2)^{i_2} \ldots (ax_n)^{i_n}$, les coefficients $\beta \ldots$ étant des éléments de $K[x_1]$. D'après le corollaire 1.2.10, $a^N y$ est entier sur $K[x_1]$.

En particulier, si $y \in K(x_1) \subset L$, il existe un entier N tel que $a^N y$ soit entier sur $K[x_1]$.

Mais $K(x_1) \cong K(X)$ (sinon x_1 serait algébrique sur K) et les entiers de $K(X)$ sur $K[X]$ sont les éléments de $K[X]$ (cf. exercice à la suite de corollaire (1.2.10)) ; on en déduirait alors que $a^N y \in K[x_1]$. Pour arriver à une contradiction, il suffit de prendre $y = \frac{1}{b}$, où $b \in K[X]$ est premier avec a dans $K[X] \cong K[x_1]$.

Le théorème des zéros de Hilbert est donc démontré : il nous montre que, lorsque K est algébriquement clos, la correspondance $E \to I(E)$ est une bijection entre sous-ensembles algébriques de K^n et idéaux de $K[X_1, \ldots, X_n]$ égaux à leur radical, dont l'inverse est $\mathcal{J} \to V(\mathcal{J})$.

1.3 Composantes irréductibles d'un ensemble algébrique affine

Définition 1.3.1 – *Un sous-ensemble algébrique E de K^n est dit réductible s'il s'écrit comme la réunion $E = E_1 \cup E_2$ de deux sous-ensembles algébriques non vides de K^n tels que $E_i \neq E(i = 1, 2)$. Si E n'est pas réductible, il est dit irréductible.*

Lorsque $n = 1$, $K[X]$ étant principal, tout sous-ensemble algébrique propre de K est l'ensemble des racines d'un polynôme non nul et est donc réunion d'un nombre *fini* de sous-ensembles algébriques irréductibles (les points !). Lorsque n est quelconque ce résultat subsiste, comme nous allons le voir maintenant.

Théorème 1.3.2 – *Soit E un sous-ensemble algébrique de K^n. Il existe une décomposition finie unique $E = E_1 \cup \ldots \cup E_m$ où les E_i sont des sous-ensembles algébriques irréductibles de K^n, tels que $E_i \not\subset E_j$ si $i \neq j$.*

On appelle les E_i les composantes irréductibles de E.

Démonstration. Soit $\mathscr{S}$ l'ensemble de tous les sous-ensembles algébriques E de K^n n'admettant pas une telle décomposition finie.

D'après la proposition 1.1.4. (iii) et le corollaire 1.1.8, $\mathscr{S}$ possède un élément minimal E.

Puisque $E \subset \mathscr{S}$, E n'est pas irréductible, donc $E = E_1 \cup E_2$. Mais $E_i \subsetneqq E(i = 1, 2)$ donc $E_1 \notin \mathscr{S}$ à cause du caractère minimal de E. Il suffit alors de réunir une décomposition de E_1 et une décomposition de E_2 pour obtenir une décomposition finie de E en éléments irréductibles, ce qui contredit l'appartenance de E à $\mathscr{S}$. La fin de la démonstration (unicité) est laissée au lecteur en exercice.

Traduisons maintenant la notion d'irréductibilité au niveau des idéaux.

Définition 1.3.3 – *Soit A un anneau, $\mathscr{A}$ un idéal de A. On dit que $\mathscr{A}$ est premier si $A/\mathscr{A}$ est intègre.*

Ceci équivaut à l'implication $(xy \in \mathscr{A}) \Rightarrow (x \in \mathscr{A}$ ou $y \in \mathscr{A})$.

Remarques 1.3.4 –

1. Un idéal maximal est premier.

2. Un idéal premier est égal à son radical.

3. Un idéal principal d'un anneau factoriel est premier si et seulement si il est engendré par un élément irréductible.

Lemme 1.3.5 – *Un sous-ensemble algébrique E de K^n est irréductible si et seulement si l'idéal $I(E)$ est premier.*

Démonstration. Exercice

On déduit alors du théorème des zéros la

Proposition 1.3.6 – *Soit K un corps algébriquement clos. La correspondance $E \to I(E)$ est une bijection entre sous-ensembles algébriques irréductibles de K^n et idéaux premiers de $K[X_1, \ldots, X_n]$ dont l'inverse est $I \to V(I)$. Les points de K^n correspondent aux idéaux maximaux de $K[X_1, \ldots, X_n]$.*

Dans le cas d'une hypersurface, on peut préciser la situation grâce au caractère factoriel de $K[X_1, \ldots, X_n]$.

Proposition 1.3.7 – *Soit K un corps algébriquement clos ; soit $F \in K[X_1, \ldots, X_n]$; soit $F = F_1^{m_1} \ldots F_r^{m_r}$ une décomposition de F en facteurs irréductibles.*

Alors $V(F) = V(F_1) \cup, \ldots, \cup V(F_r)$ est la décomposition de $V(F)$ en composantes irréductibles et $I(V(F)) = (F_1, \ldots, F_r)$.

La correspondance $E \to I(E)$ est une bijection entre hypersurfaces irréductibles de K^n et polynômes irréductibles de $K[X_1, \ldots, X_n]$ (à la multiplication près par une constante).

La démonstration des propositions 1.3.6 et 1.3.7 est très facile à partir du théorème des zéros.

Remarque 1.3.8 – Si K n'est pas algébriquement clos, en particulier si $K = \mathbb{R}$, rien de tout ceci ne subsiste. Par exemple

1. L'idéal $(X^2 + 1) \subset \mathbb{R}[X]$ est maximal (quel est le corps $\mathbb{R}[X]/(X^2 + 1)$?).
2. Le polynôme $Y^2 + X^2(X - 1)^2$ est irréductible dans $\mathbb{R}[X, Y]$ mais cependant $V(Y^2 + X^2(X - 1)^2)$ est un sous ensemble algébrique réductible de $\mathbb{R}^2$.

La notion qui suit remplace la notion de puissance d'un nombre premier dans les problèmes de décomposition : plus précisément on vient de voir que si I est un idéal de $K[X_1, \ldots, X_n]$ égal à son radical, I s'écrit de façon unique comme intersection d'idéaux premiers ; existe-t-il une décomposition analogue lorsque I n'est pas égal à son radical ?

Définition 1.3.9 – *Soit A un anneau, I un idéal de A ; on dit que I est primaire si $A/I \neq 0$ et si tout diviseur de zéro dans A/I est nilpotent (i.e. a une puissance nulle). Ceci équivaut à l'implication :*

$$(xy \in I, x \notin I) \Rightarrow (\exists n > 0, y^n \in I).$$

Exercices 1. Montrer que si I est un idéal primaire, rad I est le plus petit idéal premier contenant I (si rad $I = \mathcal{P}$, on dit que I est $\mathcal{P}$-*primaire*).

2. Si rad I est un idéal maximal, I est primaire.

3. Les idéaux primaires de $\mathbb{Z}$ sont ceux qui sont engendrés par une puissance d'un nombre premier.

4. Étudier dans $A = \mathbb{C}[x, y, z]/(xy - z^2)$, l'idéal I engendré par les classes de x^2, xz, z^2. Montrer que rad I est premier, mais que I n'est pas primaire ; remarquer également que si J est l'idéal engendré par les classes de x et z, J est premier et $I = J^2$ (ainsi une puissance d'un idéal premier n'est pas nécessairement un idéal primaire).

5. Si les $Q_i (1 \leqslant i \leqslant n)$ sont $\mathcal{P}$-primaires, il en est de même de leur intersection.

Définition 1.3.10 – *Soit Q un idéal de l'anneau A. Une écriture $Q = \bigcap\limits_{i=1}^{n} Q_i$, où les Q_i sont des idéaux primaires est appelée une décomposition primaire de Q.*

Si de plus :

(i) *Les rad Q_i sont distincts deux à deux ;*

(ii) *Pour tout i, $1 \leqslant i \leqslant n$, Q_i ne contient pas $\bigcap\limits_{j \neq i} Q_j$, on dit que la décomposition est minimale.*

Théorème 1.3.11 – *(voir par exemple, Atiyah–Mac Donald chapitres 4 et 7). Si A est noethérien, tout idéal a une décomposition primaire minimale. L'ensemble des $\mathcal{P}_i = $ rad Q_i est indépendant de la décomposition minimale considérée : c'est exactement l'ensemble des idéaux premiers de la forme rad $(Q : x), x \notin Q$, où $(Q : x)$ est l'idéal des $y \in A$ tels que $xy \in Q$.*

Exercice Étudier la décomposition primaire de $Q = (x^2, xy)$ dans $\mathbb{C}[x, y]$ (cet exemple illustre la notion de *composante immergée*).

Le paragraphe suivant généralise le lemme 0.12 et le théorème 0.14 en étudiant les idéaux définissant les ensembles algébriques les plus simples (réunions d'un nombre fini de points).

1.4 Idéaux ayant un nombre fini de zéros

Proposition 1.4.1 – *Soit K un corps algébriquement clos, Soit $\mathcal{J}$ un idéal de $K[X_1, \ldots, X_n]$. L'ensemble $V(\mathcal{J})$ est fini si et seulement si $K[X_1, \ldots, X_n]/\mathcal{J}$ est un espace vectoriel de dimension finie sur K.*

Dans ce cas, le nombre de points dans $V(I)$ est majoré par la dimension de cet espace vectoriel.

Démonstration. Supposons que $V(\mathcal{J})$ contienne r points $P_1, \ldots, P_r \in K^n$. Il est facile de construire des polynômes $F_1, \ldots, F_r \in K[X_1, \ldots, X_n]$ tels que $F_i(P_j) = 0$ si $i \neq j$, $F_i(P_i) = 1$ (il suffit de remarquer que $I(\{P_1, \ldots, P_{i-1}, P_{i+1}, \ldots, P_r\}) \neq I(\{P_1, \ldots, P_r\})$).

Alors les classes de $F_1, \ldots, F_r$ dans $K[X_1, \ldots, X_n]/\mathcal{J}$ sont linéairement indépendantes sur K (exercice) ; donc $\dim_K K[X_1, \ldots, X_n]/\mathcal{J} \geqslant r$.

Pour la réciproque, nous devons utiliser l'hypothèse « K algébriquement clos » (en effet, si $\mathcal{J} = (Y^2 + X^2(X - 1)^2) \subset \mathbb{R}[X, Y]$, $V(\mathcal{J})$ est fini, mais on a cependant $\dim_R R[X, Y]/(Y^2 + X^2(X - 1)^2) = +\infty$).

Supposons que $V(\mathcal{J}) = \{P_1, \ldots, P_r\}$, et notons $P_i = (a_{i1}, \ldots, a_{in}) \in K^n$.

Soit $F_j = \prod_{i=1}^{r} (X_j - a_{ij})$, $j = 1, \ldots, n$.

On a $F_j \in I(V(\mathcal{J}))$, donc il existe N_j tel que $F_j^{N_j} \in \mathcal{J}$ (théorème des zéros), ce qui montre que la classe de $X_j^{rN_j}$ dans $K[X_1, \ldots, X_n]/\mathcal{J}$ est une combinaison linéaire à coefficients dans K des classes $1, X_j, X_j^2, \ldots, X_j^{rN_j-1}$. La fin de la démonstration est laissée en exercice.

Pour généraliser le théorème 0.14, il faut introduire le corps des fractions $K(X_1, \ldots, X_n)$ de l'anneau intègre $K[X_1, \ldots, X_n]$ et, pour chaque $P \in K^n$, le sous-anneau

$$\mathcal{O}_P(K^n) = \left\{ \frac{F}{G} \in K(X_1, \ldots, X_n) | G(P) \neq 0 \right\}.$$

On a $K[X_1, \ldots, X_n] \subset \mathcal{O}_P(K^n) \subset K(X_1, \ldots, X_n)$.

Soit $\mathcal{J}$ un idéal de $K[X_1, \ldots, X_n]$; on note $\mathcal{J}\mathcal{O}_P(K^n)$ l'idéal de $\mathcal{O}_P(K^n)$ engendré par les éléments de $\mathcal{J}$.

Théorème 1.4.2 – *Soit K un corps algébriquement clos. $\mathcal{J}$ un idéal de $K[X_1, \ldots, X_n]$ tel que $V(\mathcal{J}) = \{P_1, \ldots, P_r\}$ soit fini. Il existe un isomorphisme naturel de K-algèbres*

$$K[X_1, \ldots, X_n]/\mathcal{J} \xrightarrow{\ \cong\ } \prod_{i=1}^{r} (\mathcal{O}_{P_i}(K^n)/\mathcal{J}\mathcal{O}_{P_i}(K^n)).$$

Démonstration. (*cf.* Fulton). Soient $\mathcal{J}_i = I(\{P_i\})(i = 1, \ldots, r)$ les idéaux maximaux contenant $\mathcal{J}$. D'après le théorème des zéros, on a

$$\operatorname{rad} \mathcal{J} = I(\{P_1, \ldots, P_r\}) = \bigcap_{i=1}^{r} \mathcal{J}_i.$$

1. La démonstration du théorème s'éclaire si on commence par regarder le cas trivial où $\mathcal{J} = \operatorname{rad} \mathcal{J}$. Dans ce cas, soient F_i des éléments de $K[X_1, \ldots, X_n]$ tels que $F_i(P_j) = 0$ si $i \neq j$, $F_i(P_i) = 1(i, j = 1, \ldots, r)$. (On a vu dans la démonstration de 1.4.1 que de tels polynômes existent). Remarquons que

$$\sum_{i=1}^{r} F_i - 1 \in \mathcal{J} \qquad \text{(partition de l'unité sur } V(\mathcal{J})\text{)},$$

$$F_i F_j \in \mathcal{J} \quad \text{si } i \neq j.$$

Si $G \in K[X_1, \ldots, X_n]$ vérifie $G(P_i) \neq 0$, il existe $T \in K[X_1, \ldots, X_n]$ tel que $TG - F_i \in \mathcal{J}$ (il suffit de prendre $T = G(P_i)^{-1}F_i$).

Soit $\phi = (\phi_1, \ldots, \phi_r) : K[X_1, \ldots, X_n]/\mathcal{J} \to \prod_{i=1}^{r} (\mathcal{O}_{P_i}(K^n)/\mathcal{J}\mathcal{O}_{P_i}(K^n))$ l'homomorphisme induit par les inclusions de $K[X_1, \ldots, X_n]$ dans $\mathcal{O}_{P_i}(K^n)$.

Soit f_i la classe de F_i modulo $\mathcal{J}(i = 1, \ldots, r)$. Puisque $F_i(P_i) = 1$, $\phi_i(f_i)$ est inversible dans $\mathscr{O}_{P_i}(K^n)/\mathcal{J}\mathscr{O}_{P_i}(K^n)$.

Puisque $F_i F_j \in \mathcal{J}$ si $i \neq j$, $\phi_i(f_i)\phi_i(f_j) = 0$, donc $\phi_i(f_j) = 0$ si $i \neq j$.

Puisque $\sum_{i=1}^{r} F_i - 1 \in \mathcal{J}$, $\sum_{j=1}^{r} \phi_i(f_j) = \phi_i(1) = 1$, donc $\phi_i(f_i) = 1$.

Montrons maintenant l'*injectivité* de ϕ : soit $F \in K[X_1, \ldots, X_n]$ dont la classe f modulo $\mathcal{J}$ vérifie $\phi(f) = 0$, c'est-à-dire $\phi_i(f) = 0$ pour $i = 1, \ldots, r$; cela signifie que pour tout i il existe un polynôme $G_i \in K[X_1, \ldots, X_n]$, tel que d'une part $G_i(P_i) \neq 0$, d'autre part $G_i F \in \mathcal{J}$.

Soit $T_i \in K[X_1, \ldots, X_n]$ tel que $T_i G_i - F_i \in \mathcal{J}$; on a $F - \sum_{i=1}^{r} F_i F \in \mathcal{J}$, donc $F - \sum_{i=1}^{r} T_i G_i F \in \mathcal{J}$, donc $f = 0$.

Bien entendu, on aurait pu directement remarquer que, quel que soit i, on a $G_i(P_i)F(P_i) = 0$ donc $F(P_i) = 0$, c'est-à-dire $F \in \mathcal{J}_i$, et donc $F \in \bigcap_{i=1}^{r} \mathcal{J}_i = \mathcal{J}$; mais c'est le raisonnement ci-dessus qui se généralise bien.

Pour montrer la surjectivité de ϕ, représentons un élément

$$z = (z_1, \ldots, z_r) \in \prod_{i=1}^{r}(\mathscr{O}_{P_i}(K^n)/\mathcal{J}\mathscr{O}_{P_i}(K^n)) \text{ par}$$

$$\left(\frac{H_1}{G_1}, \cdots, \frac{H_r}{G_r}\right) \in \prod_{i=1}^{r} \mathscr{O}_{P_i}(K^n).$$

Comme précédemment, soit $T_i \in K[X_1, \ldots, X_n]$ tel que $T_i G_i - F_i \in \mathcal{J}$. L'élément z_i est encore représenté par $\frac{T_i H_i}{F_i}$ et donc aussi par $T_i H_i$ puisque $\phi_i(f_i) = 1$ (exercice). Soit f la classe modulo $\mathcal{J}$ de $F = \sum_{i=1}^{r} T_i H_i F_i$. On vérifie immédiatement que $\phi(f) = z$.

2. *Démonstration de 1.4.2 dans le cas général.* D'après ce qui précède, il suffit de construire r polynômes $E_1, \ldots, E_r \in K[X_1, \ldots, X_n]$ vérifiant

(a) $\sum_{i=1}^{r} E_i - 1 \in \mathcal{J}$;

(b) $E_i E_j \in \mathcal{J}$;

(c) si $G \in K[X_1, \ldots, X_n]$ vérifie $G(P_i) \neq 0$, il existe $T \in K[X_1, \ldots, X_n]$ tel que $TG - E_i \in \mathcal{J}$.

Pour cela, on recommence par déduire de l'égalité

$$\text{Rad } \mathcal{J} = \bigcap_{i=1}^{r} \mathcal{J}_i$$

l'existence d'un entier d tel que[6]

$$\left(\bigcap_{i=1}^{r} \mathcal{J}_i\right)^d \subset \mathcal{J}$$

En effet, puisque $K[X_1, \ldots, X_n]$ est noethérien, tout idéal est de type fini. Supposons $\bigcap_{i=1}^{r} \mathcal{J}_i$ engendré par $u_1, \ldots, u_p$; si N est un entier tel que $u_j^N \in \mathcal{J}$ pour $j = 1, \ldots, p$, on peut prendre $d = p(N-1) + 1$.

D'autre part, l'inclusion $\left(\bigcap_{i=1}^{r} \mathcal{J}_i\right)^d \subset \bigcap_{i=1}^{r} (\mathcal{J}_i^d)$ est une égalité : nous allons montrer que ces deux idéaux sont égaux à $(\mathcal{J}_1, \ldots, \mathcal{J}_r)^d = \mathcal{J}_1^d, \ldots, \mathcal{J}_r^d$. Pour cela, on applique le lemme suivant aux idéaux $\mathcal{J}_1, \ldots, \mathcal{J}_r$, puis aux idéaux $\mathcal{J}_1^d, \ldots, \mathcal{J}_r^d$.

Lemme 1.4.3 – *Soit A un anneau ; soient $\mathscr{A}_1, \ldots, \mathscr{A}_r$ des idéaux de A tels que[7]*

$$\forall i = 1, \ldots, r, \quad A = \mathscr{A}_i + \bigcap_{j \neq i} \mathscr{A}_j.$$

Alors, $\bigcap_{i=1}^{r} \mathscr{A}_i = \mathscr{A}_1 \ldots \mathscr{A}_r$.

Complément. Si K est un corps *algébriquement clos* et si $A = K[X_1, \ldots, X_n]$, l'hypothèse équivaut à $\forall i = 1, \ldots, r, V(\mathscr{A}_i) \cap \left(\bigcup_{j \neq i} V(\mathscr{A}_j)\right) = \emptyset$.

Démonstration du Lemme 1.4.3. Si $\mathscr{A} + \mathscr{B} = A$, $\mathscr{A} \cap \mathscr{B} = (\mathscr{A} \cap \mathscr{B})(\mathscr{A} + \mathscr{B})$, donc $\mathscr{A} \cap \mathscr{B} = (\mathscr{A} \cap \mathscr{B})\mathscr{A} + (\mathscr{A} \cap \mathscr{B})\mathscr{B} \subset \mathscr{B}\mathscr{A} + \mathscr{A}\mathscr{B} = \mathscr{A}\mathscr{B}$. On en déduit que $\mathscr{A} \cap \mathscr{B} = \mathscr{A}\mathscr{B}$ puisque l'inclusion inverse est triviale. Ceci montre que

$$\bigcap_{i=1}^{r} \mathscr{A}_i = \mathscr{A}_1 \cdot \left(\bigcap_{j \neq 1} \mathscr{A}_j\right) \quad ; \quad \text{si } r \geqslant 3, \text{ on a}$$

$$\mathscr{A}_2 + \bigcap_{j \neq 1,2} \mathscr{A}_j \supset \mathscr{A}_2 + \bigcap_{j \neq 2} \mathscr{A}_j = A, \text{ ce qui permet de continuer.}$$

En ce qui concerne le complément, il faut montrer que

$$\mathscr{A} + \mathscr{B} = K[X_1, \ldots, X_n] \text{ dès que } \operatorname{Rad} \mathscr{A} + \operatorname{Rad} \mathscr{B} = K[X_1, \ldots, X_n].$$

---

[6] Rappelons que si $\mathscr{A}_1, \ldots, \mathscr{A}_p$ sont des idéaux de l'anneau A, on note $\mathscr{A}_1, \ldots, \mathscr{A}_p$ l'idéal engendré par les éléments de A qui peuvent s'écrire $a = a_1, \ldots, a_p, a_i \in \mathscr{A}_i$ pour tout i.

[7] $\mathscr{A}_1 + \mathscr{A}_2$ désigne le plus petit idéal de A contenant $\mathscr{A}_1$ et $\mathscr{A}_2$; on voit facilement que c'est l'ensemble des éléments de la forme $a_1 + a_2, a_1 \in \mathscr{A}_1, a_2 \in \mathscr{A}_2$.

En vertu d'une remarque faite ci-dessus, il existe des entiers α et β tels que

$$(\mathrm{Rad}\ \mathscr{A})^\alpha \subset \mathscr{A},\ (\mathrm{Rad}\ \mathscr{B})^\beta \subset \mathscr{B}.$$

Il suffit donc de montrer que

$$(\mathscr{A} + \mathscr{B} = A) \Rightarrow (\mathscr{A}^\alpha + \mathscr{B}^\beta = A).$$

Par récurrence, on se ramène à prouver que

$$(\mathscr{A} + \mathscr{B} = A) \Rightarrow (\mathscr{A} + \mathscr{B}^2 = A).$$

Mais $(\mathscr{A} + \mathscr{B})(\mathscr{A} + \mathscr{B}) = A$, donc

$$\mathscr{A}^2 + \mathscr{A}\mathscr{B} + \mathscr{B}^2 = A,\ \text{d'où la conclusion, puisque } \mathscr{A}^2 + \mathscr{A}\mathscr{B} \subset \mathscr{A}.$$

Exercices 1.4.4 – 1. $A = K[X, Y]$, $\mathscr{A}_1 = I(\{0, 0\})$, $\mathscr{A}_2 = I(\{\alpha, \beta\})$. Le polynôme $\beta X - \alpha Y$ est dans $\mathscr{A}_1 \cap \mathscr{A}_2$. Écrivez-le sous une forme où l'on voit qu'il est dans $\mathscr{A}_1 \mathscr{A}_2$.
2. Donner un exemple de deux idéaux $\mathscr{A}_1$, $\mathscr{A}_2$ de $K[X]$ tels que $\mathscr{A}_1 \mathscr{A}_2 \neq \mathscr{A}_1 \cap \mathscr{A}_2$.

Fin de la démonstration du théorème 1.4.2. – Nous savons maintenant que

$$\bigcap_{i=1}^r (\mathcal{J}_i^d) \subset \mathcal{J}.$$

Reprenons les F_i considérés dans le cas $d = 1$ et posons $E_i = 1 - (1 - F_i^d)^d$ pour $i = 1, \ldots, r$. Puisque E_i est divisible par F_i^d, on a $E_i \in \bigcap_{j \neq 1} \mathcal{J}_j^d$ et

$$\sum_{i=1}^r E_i - 1 = \underbrace{E_i - 1}_{\in \mathcal{J}_i^d} + \underbrace{\sum_{j \neq 1} E_j}_{\in \mathcal{J}_i^d} \in \mathcal{J}_i^d \text{ donc } \sum_{i=1}^r E_i - 1 \in \bigcap_{i=1}^r \mathcal{J}_i^d \subset \mathcal{J}.$$

$$E_i E_j \in \left(\bigcap_{k \neq i} \mathcal{J}_k^d \right) \left(\bigcap_{k \neq j} \mathcal{J}_k^d \right) \subset \bigcap_{i=1}^r \mathcal{J}_i^d \subset \mathcal{J}.$$

Enfin, soit $G \in K[X_1, \ldots, X_n]$ tel que $G(P_i) \neq 0$. Pour tout polynôme H, on a

$$(1 - H)(E_i + HE_i + \ldots + H^{d-1}E_i) = E_i - H^d E_i.$$

Si $H = 1 - G(P_i)^{-1}G$, $H \in \mathcal{J}_i$, donc $H^d E_i \in \bigcap_{i=1}^r \mathcal{J}_i^d \subset \mathcal{J}$.
Si $T = G(P_i)^{-1}(E_i + HE_i + \ldots + H^{d-1}E_i)$, on a donc TG-E $\in \mathcal{J}$, ce qui termine la démonstration du théorème 1.4.2.

Remarque sur une démonstration plus conceptuelle   En considérant une décomposition primaire minimale $\mathcal{J} = \bigcap_{i=1}^{r} \mathcal{J}_i$ et en utilisant des raisonnements du type du lemme 1.4.3, on se ramène au cas où $r = 1$ en montrant que $K[X_1, \ldots, X_n]/\mathcal{J}$ est isomorphe à $\prod_{i=1}^{r} (K[X_1, \ldots, X_n]/\mathcal{J}_i)$, avec $V(\mathcal{J}_i) = P_i$. La démonstration de l'isomorphisme $K[X_1, \ldots, X_n]/\mathcal{J}_i \cong \mathcal{O}_{P_i}(K^n)/\mathcal{J}_i \mathcal{O}_{P_i}(K^n)$ est alors facile.

Exercice   Vérifier directement l'isomorphisme par un calcul explicite lorsque $\mathcal{J}$ est l'idéal de $\mathbb{C}[X, Y]$ engendré par $Y^2 - X^2$, $Y^2 - X^3$.

Lecture conseillée   Le chapitre B (Artin rings) du livre d'Algèbre Commutative de Atiyah et Mac Donald : le théorème 1.4.2 y est replacé dans un cadre abstrait.

1.5 Morphismes d'ensembles algébriques affines

Étant donnée une structure sur les ensembles, on définit habituellement une notion de morphisme (c'est-à-dire « d'application compatible avec cette structure ») entre deux ensembles munis de cette structure.

Exemples 1.5.1 –

$$\begin{array}{rcl}
\text{Ensembles} & \leftrightarrow & \text{applications quelconques} \\
\text{Espaces topologiques} & \leftrightarrow & \text{applications continues} \\
\text{Espaces vectoriels} & \leftrightarrow & \text{applications linéaires} \\
K\text{-algèbres} & \leftrightarrow & \text{homomorphismes de } K\text{-algèbres} \\
\text{Variétés différentiables} & \leftrightarrow & \text{applications différentiables, } etc \ldots
\end{array}$$

On s'arrange pour que le composé de deux morphismes soit encore un morphisme et on parle alors de la catégorie des ensembles, de la catégorie des espaces topologiques, ...

Dans le cas des ensembles algébriques affines, la notion intuitive de morphisme est celle d'application polynomiale (ou application régulière).

Définition 1.5.1 – *Soient E un sous-ensemble algébrique de K^m, F un sous-ensemble algébrique[8] de K^n. On dit qu'une application $f : E \to F$ est polynomiale (ou régulière) ou que c'est un morphisme de E dans F s'il existe des polynômes $P_1, \ldots, P_n \in K[X_1, \ldots, K_n]$ tels que $\forall (x_1, \ldots, x_m) \in E, f(x_1, \ldots, x_m) = (P_1(x_1, \ldots, x_m), \ldots, P_n(x_1, \ldots, x_m))$. On note $f = (P_1, \ldots, P_n)$.*

Remarque 1.5.2 – $f = (P_1, \ldots, P_n) = (P_1', \ldots, P_n')$ équivaut à

$$\forall i = 1, \ldots, n, P_i' - P_i \in I(E).$$

---

[8] On dira que E et F sont définis sur K.

La démonstration du lemme suivant est un exercice évident :

Lemme 1.5.3 – *Le composé de deux morphismes est un morphisme.*

Un cas particulier important est celui où $F = K$. On parle alors de *fonction régulière* de E.

Définition 1.5.4 – *Soit E un ensemble algébrique affine. L'ensemble des fonctions régulières de E, muni de la structure d'anneau induite par celle de l'ensemble des applications de E dans K est appelé anneau de coordonnées de E. On le note $\Gamma(E)$ (ou encore $K[E]$).*

Remarquons que $\Gamma(E)$ est en fait une K-algèbre. On a évidemment le

Lemme 1.5.5 – *Si E est un sous-ensemble algébrique de K^n, il existe un isomorphisme de K-algèbres*

$$\Gamma(E) \cong K[X_1, \ldots, X_n]/I(E).$$

En particulier, (voir 1.1.6 (2)) $\Gamma(E)$ est un anneau noethérien.

Les deux propositions qui suivent élucident la relation entre ensembles algébriques affines définis sur K et K-algèbres de type fini.

Commençons par rappeler que les idéaux de la forme $I(E)$ vérifient

$$I(E) = \operatorname{rad}(I(E)).$$

Cela revient à dire que si $X \in \Gamma(E)$ vérifie $X^n = 0$, alors $X = 0$.

Définition 1.5.6 – *Soit A un anneau, X un élément de A. On dit que X est nilpotent si $X \neq 0$ et s'il existe un entier n tel que $X^n = 0$. Un anneau A sans élément nilpotent est dit réduit.*

Nous venons donc de voir que $\Gamma(E)$ est une K-algèbre réduite. On déduit alors du théorème des zéros la

Proposition 1.5.7 – *Soit K un corps algébriquement clos et A une K-algèbre de type fini réduite. Il existe un ensemble algébrique affine E tel que $A \cong \Gamma(E)$.*

Il nous reste à savoir à quoi près E est déterminé par la donnée de $\Gamma(E)$. Pour cela, il faut introduire la notion d'*isomorphisme* d'ensembles algébriques affines définis sur K.

Définition 1.5.8 – *Soient E et F deux ensembles algébriques affines définis sur K et $f : E \to F$ un morphisme. On dit que f est un isomorphisme s'il existe un morphisme $g : F \to E$ tel que $g \circ f = id_E$ et $f \circ g = id_F$.*

Exemples 1.5.9 –

1. Si E est un ensemble algébrique affine, l'identité de E est un isomorphisme.
2. Soit $F = V((X_2 - X_1^2)) \subset K^2$, $E = K$, $f = (X, X^2)$: $E \to F$.
Montrer que f est un isomorphisme ; expliciter le morphisme réciproque.
3. Soit $K = \mathbb{R}$, $E = V((X_2^2 - X_1^3)) \subset \mathbb{R}^2$ $F = \mathbb{R}$, $f = (X_2)$: $E \to F$.
Montrer que f est un morphisme bijectif mais n'est pas un isomorphisme.

Cet exemple illustre un phénomène important : *si f est un isomorphisme, f reste un isomorphisme après extension du corps de base* ; dans l'exemple, si l'on remplace $\mathbb{R}$ par $\mathbb{C}$, f n'est plus injective.

4. Soit $E = F = K^n$, $f = (P_1, \dots, P_n)$: $E \to F$ une application régulière *bijective* telle que chaque P_i soit un polynôme de degré 1. On dit que f est un *changement de coordonnées affines*. On vérifie facilement qu'un changement de coordonnées affines est composé d'un isomorphisme linéaire et d'une translation.

Proposition 1.5.10 – *Soient E et F deux ensembles algébriques affines définis sur K. Soit d'une part $Hom_K(E, F)$ l'ensemble des applications régulières de E dans F, d'autre part $Hom(\Gamma(F), \Gamma(E))$ l'ensemble des homomorphismes de K-algèbres de $\Gamma(F)$ dans $\Gamma(E)$. Si $f \in Hom_K(E, F)$, on définit $\Gamma(f) \in Hom(\Gamma(F), \Gamma(E))$ par $\Gamma(f)[\phi] = \phi \circ f$.*

L'application Γ : $Hom_K(E, F) \to Hom(\Gamma(F), \Gamma(E))$ ainsi définie est bijective.

Corollaire 1.5.11 – *Il existe un isomorphisme f : $E \to F$ si et seulement si les K-algèbres $\Gamma(E)$ et $\Gamma(F)$ sont isomorphes.*

Démonstration du corollaire 1.5.11. Il suffit de remarquer que $\Gamma(g \circ f) = \Gamma(f) \circ \Gamma(g)$.

Démonstration de la proposition 1.5.10. Pour $i = 1, \dots, n$, on notera $\Pi_i \in \Gamma(F)$ l'élément représenté par X_i dans l'isomorphisme

$$\Gamma(F) \cong K[X_1, \dots, X_n]/I(F).$$

L'injectivité de Γ vient de ce qu'un morphisme f : $E \to F$ est déterminé par ses « composantes » $\Pi_i \circ f = \Gamma(f)(\Pi_i)$.

$$
\begin{array}{ccccc}
E & \xrightarrow{\ f\ } & F & \xrightarrow{\ \Pi_i\ } & K \\[2pt]
\uparrow & & \uparrow & & \| \\[2pt]
\downarrow & & \downarrow & & \| \\[2pt]
K^m & \xrightarrow{(P_1,\dots,P_n)} & K^n & \xrightarrow{(x_i)} & K
\end{array}
$$

Pour la surjectivité, considérons un homomorphisme de K-algèbres

$$\alpha : \Gamma(F) \to \Gamma(E).$$

Dans le diagramme suivant, σ et τ représentent les projections canoniques :

$$K[X_1, \ldots, X_n]/I(F) \xrightarrow{\quad \alpha \quad} K[X_1, \ldots, X_m]/I(E)$$

$$\uparrow \sigma \qquad\qquad\qquad\qquad\qquad \uparrow \tau$$

$$K[X_1, \ldots, X_n] \qquad\qquad\qquad K[X_1, \ldots, X_m]$$

Pour $i = 1, \ldots, n$, choisissons $T_i \in K[X_1, \ldots, X_m]$ tel que $\tau(T_i) = \alpha \circ \sigma(X_i)$. On vérifie facilement que $(T_1, \ldots, T_n)$ définit une application régulière $f : E \to F$ telle que $\Gamma(f) = \alpha$.

Exercice 1.5.12 – On peut préciser la relation entre E et $\Gamma(E)$ lorsque K est algébriquement clos : montrer qu'il y a alors correspondance bijective entre :

Idéaux maximaux de $\Gamma(E)$ et points de E ;

Idéaux premiers de $\Gamma(E)$ et sous-ensembles algébriques irréductibles de E (utiliser la Proposition 1.3.6).

Exercice 1.5.13 – On reprend l'exemple 1.5.9 (3) avec $K = F$ corps quelconque. Montrer que $\Gamma(V(X_2^2 - X_1^3))$ n'est pas factoriel ; en déduire l'inexistence d'un isomorphisme entre K et $V(X_2^2 - X_1^3)$.

1.6 Ensembles algébriques affines irréductibles : fonctions rationnelles et anneaux locaux

On adoptera comme dans Fulton la terminologie *variété affine* pour désigner un ensemble algébrique affine irréductible (on dira aussi *variété* s'il n'y a pas d'ambiguïté).

Soit E une variété définie sur K. L'idéal $I(E)$ est premier (lemme 1.3.5) ; l'anneau $\Gamma(E)$ est donc *intègre* et se plonge dans son corps des fractions $K(E)$.

Définition 1.6.1 – *Soit E une variété définie sur K. Le corps des fractions $K(E)$ de son anneau de coordonnées $\Gamma(E)$ s'appelle le corps des fonctions rationnelles sur E.*

Définition 1.6.2 – *Soit $f \in K(E)$ une fonction rationnelle sur E. On dit que f est définie au point $x \in E$ si f peut s'écrire a/b avec $b(x) \neq 0$.*

L'ensemble des points de E où f n'est pas définie est appelé ensemble polaire de f.

Proposition 1.6.3 – *Si $f \in K(E)$, l'ensemble polaire de f est un sous-ensemble algébrique de E.*

Démonstration. Supposons que E soit contenu dans K^n. On voit facilement que l'ensemble polaire de f peut s'écrire $V(J_f)$, où J_f est l'idéal de $K[X_1, \ldots, X_n]$ défini par

$$J_f = \{P \in K[X_1, \ldots, X_n] | \overline{P} \cdot f \in \Gamma(E)\},$$

où $\overline{P} = $ classe de P dans $\Gamma(E)$.

Définition 1.6.4 – *Soit E une variété définie sur K, x un point de E. On note $\mathscr{O}_x(E)$ le sous-anneau de $K(E)$ formé des fonctions rationnelles définies en x. $\mathscr{O}_x(E)$ s'appelle l'anneau local de E en x (on retrouve la notion intervenant dans le Lemme 0.0.13).*

Lemme 1.6.5 – *Si K est un corps algébriquement clos, et si E est une variété définie sur K, on a*

$$\Gamma(E) = \bigcap_{x \in E} \mathscr{O}_x(E).$$

Démonstration. Le terme de gauche est évidemment inclus dans celui de droite. Pour la réciproque, si $f \in \bigcap_{x \in E} \mathscr{O}_x(E)$, f est définie sur tout E. On a donc (notation Proposition de 1.6.3) $V(J_f) = \phi$.

On déduit du théorème des zéros que $1 \in J_f$, et donc que $f = \overline{1} \cdot f \in \Gamma(E)$.

Remarques 1.6.6 – 1. Montrer que ceci est faux si $K = \mathbb{R}$.

2. Montrer que si $f \in \mathscr{O}_x(E)$, on peut définir la *valeur* $f(x) \in K$ de f au point x.

Exercice 1.6.7 – *Proposer une définition de $\mathscr{O}_\infty(K)$.*

Nous allons expliquer maintenant le terme *local* dans la définition 1.6.4 (voir aussi les quelques lignes précédant l'énoncé du lemme 0.0.13) : tout élément $f \in \mathscr{O}_x(E)$ définit une fonction $f : \mathscr{U} \to K$ où $\mathscr{U} \ni x$ est le complémentaire dans E de l'ensemble polaire de f ; plus précisément, on définit sur E la *topologie de Zariski* dont les fermés sont par définition les sous-ensembles algébriques de E. En particulier, en vertu de la Proposition 1.6.3, le complémentaire $\mathscr{U}$ de l'ensemble polaire de $f \in \mathscr{O}_x(E)$ est un ouvert (pour cette topologie) contenant x, c'est-à-dire un voisinage de x. Bien entendu, ce voisinage n'est en général pas le même pour deux éléments distincts de $\mathscr{O}_x(E)$: si f_1 (resp. f_2) définit une fonction de $\mathscr{U}_1$ dans K (resp. de $\mathscr{U}_2$ dans K), $f_1 f_2$ définit une fonction de $\mathscr{U}_1 \cap \mathscr{U}_2$ dans K, qui est le produit de $f_1 | \mathscr{U}_1 \cap \mathscr{U}_2$ et $f_2 | \mathscr{U}_1 \cap \mathscr{U}_2$. On peut exprimer ceci savamment en disant qu'il existe un homomorphisme naturel de $\mathscr{O}_x(E)$ dans la K-algèbre des *germes*[9] en x d'applications de E dans K.

De même que les propriétés de E se lisent sur $\Gamma(E)$, les propriétés de E « au voisinage » de x se lisent sur $\mathscr{O}_x(E)$ (comparer les exercices 1.5.12 et 1.6.10).

Pour comprendre la définition qui suit, examinons de plus près l'anneau des germes en 0 d'applications continues de $\mathbb{R}^n$ dans $\mathbb{R}$: un germe f est inversible dans cet anneau si et seulement si $f(0) \neq 0$ (exercice). L'ensemble des germes nuls en 0 forme un idéal $\mathscr{M}$; on vérifie facilement que $\mathscr{M}$ est l'unique idéal maximal de cet anneau. Par contraste, rappelons que les idéaux maximaux de $\mathbb{C}[X_1, \ldots, X_n]$ sont en correspondance biunivoque avec les points de $\mathbb{C}^n$.

---

[9] Si $\mathscr{U}_1$ et $\mathscr{U}_2$ sont deux ouverts de l'espace topologique X, et si $x \in \mathscr{U}_1 \cap \mathscr{U}_2$, on dit que les applications $f_1 : \mathscr{U}_1 \to Y$ et $f_2 : \mathscr{U}_2 \to Y$ définissent le même *germe en x* s'il existe un ouvert $\mathscr{U}$ tel que

1. $x \in \mathscr{U} \subset \mathscr{U}_1 \cap \mathscr{U}_2$;

2. $f_1 | \mathscr{U} = f_2 | \mathscr{U}$.

Remarquons que ceci implique en particulier $f_1(x) = f_2(x)$.

Lemme - Définition 1.6.8 – *Soit A un anneau. Les deux assertions suivantes sont équivalentes :*

1. *Le complémentaire de l'ensemble des éléments inversibles forme un idéal.*

2. *A possède un unique idéal maximal.*

Lorsque ces assertions sont vraies, on dit que A est un anneau local. Si $\mathcal{M}$ est l'idéal maximal, le corps $A/\mathcal{M}$ est appelé le corps résiduel.

Remarquons qu'un corps est en particulier un anneau local.

Démonstration du lemme 1.6.8. (1) $\Rightarrow$ (2) Si $\mathcal{A}$ est un idéal propre de A, $\mathcal{A}$ ne rencontre pas l'ensemble U des éléments inversibles, donc $\mathcal{A} \subset \mathcal{M} = A - U$. Si $\mathcal{M}$ est un idéal, $\mathcal{M}$ est donc l'unique idéal maximal.

(2) $\Rightarrow$ (1) Soit $\mathcal{M}$ l'unique idéal maximal de A, et soit $a \in A - \mathcal{M}$. Puisque $\mathcal{M}$ est maximal, l'idéal engendré par a et les éléments de $\mathcal{M}$ est A tout entier ; il existe en particulier $b \in A$ et $m \in \mathcal{M}$ tels que

$$ab + m = 1.$$

Mais $1 - m \in U$ car sinon l'idéal engendré par $1 - m$ serait un idéal propre et serait donc contenu dans l'unique idéal maximal $\mathcal{M}$ ce qui impliquerait $1 \in \mathcal{M}$.

On en déduit que $a \in U$, et donc que $A - \mathcal{M} = U$.

Lemme 1.6.9 – *$\mathcal{O}_x(E)$ est un anneau local noethérien.*

Démonstration. 1. L'idéal maximal est

$$\mathcal{M}_x(E) = \{f \in \mathcal{O}_x(E) | f(x) = 0\}.$$

La projection canonique $\Pi : \mathcal{O}_x(E) \to \mathcal{O}_x(E)/\mathcal{M}_x(E) \cong K$ de $\mathcal{O}_x(E)$ sur son corps résiduel s'identifie à l'évaluation

$$\Pi(f) = f(x) \in K.$$

2. Pour montrer que $\mathcal{O}_x(E)$ est noethérien, on montre (exercice !) que si $\mathcal{A}$ est un idéal de $\mathcal{O}_x(E)$, $\mathcal{A}$ est engendré par des générateurs de l'idéal $\mathcal{A} \cap \Gamma(E)$ de $\Gamma(E)$ (qui est noethérien d'après lemme 1.5.5).

Exercice 1.6.10 – (à comparer à l'exercice 1.5.12) – Soit E une variété affine définie sur le corps *algébriquement clos K* ; montrer qu'il existe une correspondance bijective entre les idéaux premiers de $\mathcal{O}_x(E)$ et les sous-variétés affines de E qui passent par x.

Nous verrons ultérieurement d'autres exemples d'anneaux locaux noethériens ou non (anneaux de séries formelles ou convergentes, anneaux de germes de fonctions continues ou différentiables, . . .). D'autre part, le procédé de construction de $\mathcal{O}_x(E)$ se généralise et permet de fabriquer beaucoup d'anneaux locaux ; c'est l'objet du paragraphe suivant.

1.7 Localisation

(Voir Lang p. 66 et suivantes). Soit A un anneau intègre, et $S \subset A$ une *partie multiplicative* de A, i.e. telle que $f, g \in S \Rightarrow f \cdot g \in S$. On peut construire un *anneau quotient de A par S*, noté $S^{-1}A$, de la manière suivante : un élément de $S^{-1}A$ est une classe d'équivalence de couples $(a, s) \in A \times S$ pour la relation d'équivalence

$$(a, s) \sim (a', s') \quad \text{si} \quad as' - a's = 0.$$

On notera $(\widetilde{a, s})$ $\left(\text{ou encore } \frac{a}{s}\right)$ la classe d'équivalence de (a, s).
La structure d'anneau est donnée par

$$(\widetilde{a, s}) + (\widetilde{a', s'}) = (\widetilde{as' + a's, ss'}),$$
$$(\widetilde{a, s}) \cdot (\widetilde{a', s'}) = (\widetilde{aa', ss'}).$$

Enfin, l'application $a \mapsto (\widetilde{a, 1})$ de A dans $S^{-1}A$ est un homomorphisme d'anneaux qui envoie chaque $s \in S$ sur un élément inversible de $S^{-1}A$. De plus, si S ne contient pas 0, l'homomorphisme $A \to S^{-1}A$ est injectif.

Exemple 1.7.1 – $S = A - \{0\}$. Dans ce cas, $S^{-1}A$ n'est autre que le corps des fractions de l'anneau intègre A.

Exemple 1.7.2 – $S = A - \mathcal{P}$, $\mathcal{P}$ idéal *premier* de A (c'est la condition nécessaire et suffisante pour que le complémentaire d'un idéal soit une partie multiplicative).

On note $A_{\mathcal{P}}$ l'anneau $S^{-1}A$ et on l'appelle le *localisé de A suivant l'idéal premier $\mathcal{P}$*. Géométriquement, si $A = \Gamma(E)$, on ne regarde que ce qui se passe « au voisinage » de la sous-variété de E définie par $\mathcal{P}$.
En particulier, si $\mathcal{P}$ est l'idéal maximal $\mathcal{M}_x = \{f \in \Gamma(E) | f(x) = 0\}$, on a

$$\Gamma(E)_{\mathcal{M}_x} = \mathcal{O}_x(E).$$

Exercice 1.7.3 – $A_{\mathcal{P}}$ est un anneau local.

Exercice 1.7.4 – (Fulton p. 54, 55) - Soit V une variété dans K^n, P un point de V, $\mathcal{J} = I(V) \subset K[X_1, \ldots, X_n]$, et soit $\mathfrak{J}$ un idéal de $K[X_1, \ldots, X_n]$ qui contient $\mathcal{J}$. Soit $\mathfrak{J}'$ l'image de $\mathfrak{J}$ dans $\Gamma(V)$. Montrer qu'il existe un homomorphisme naturel

$$\phi \ : \ \mathcal{O}_P(K^n)/\mathfrak{J}\mathcal{O}_P(K^n) + \mathcal{O}_P(V)/\mathfrak{J}'\mathcal{O}_P(V)$$

et que ϕ est un isomorphisme. En particulier,

$$\mathcal{O}_P(K^n)/\mathcal{J}\mathcal{O}_P(K^n) \cong \mathcal{O}_P(V).$$

2

Courbes planes affines

2.1 Sous-ensembles algébriques de K^2

Proposition 2.1.1 – *Soient F et G deux éléments de $K[X, Y]$ sans facteur commun. Alors l'ensemble $V(F, G) = V(F) \cap V(G)$ est fini.*

Démonstration. D'après la démonstration du théorème 1.1.2, F et G n'ont pas non plus de facteur commun dans l'anneau principal $K(X)[Y]$, ce qui signifie que l'idéal engendré par F et G dans cet anneau est l'anneau entier. Il existe donc R, $S \in K(X)[Y]$ tels que $RF + SG = 1$.

« Réduisons R et S au même dénominateur » en considérant $D \in K[X]$ tel que $DR = A \in K[X, Y]$ et $DS = B \in K[X, Y]$. Il vient $AF + BG = D$.

En particulier, si $F(x, y) = G(x, y) = 0$, on a $D(x) = 0$; D étant un polynôme non nul en X, il n'y a qu'un nombre fini de tels x. On recommence alors en échangeant les rôles de X et Y.

Corollaire 2.1.2 – *Soit K un corps infini. Les sous-variétés affines de K^2 sont K^2, ϕ, les points, et les courbes planes irréductibles (i.e. les sous-ensembles infinis de la forme $V(F)$ où F est un polynôme irréductible).*

Démonstration. Soit E une sous-variété affine *infinie* de K^2, distincte de K^2. Rappelons qu'une variété affine est par définition irréductible. D'après le lemme 1.3.5, $I(E)$ est un idéal premier non nul de $K[X, Y]$.

Si $G \neq 0$ est un élément de $I(E)$, un des facteurs irréductibles F de G appartient à $I(E)$ puisque $I(E)$ est premier.

Supposons que $I(E)$ contienne un élément H non divisible par F (c'est-à-dire premier avec F). D'après la proposition 2.1.1, l'ensemble $V(F, H)$ est fini ; mais $V(F, H) \supset V(I(E)) = E$. On a donc $I(E) = (F)$, et $E = V(F)$.

Réciproquement, tout sous-ensemble algébrique *infini* de la forme $V(F)$ avec F irréductible est une sous-variété (i.e. est irréductible). Il suffit de montrer que $I(V(F)) = (F)$, ce qui découle encore de la proposition 2.1.1.

Remarque 2.1.3 – Dans le cas où K est algébriquement clos, se reporter à la proposition 1.3.7 (on peut la démontrer dans ce cas sans faire appel au théorème des zéros, voir Fulton chapitre 1, § 6, corollaire 3 : la remarque initiale est que si K est algébriquement clos et si $F \in K[X, Y]$ est de degré non nul, $V(F)$ est infini (exercice utilisant la remarque 0.7)

ATTENTION! Dans ce qui suit nous appelerons *courbe plane* (sous-entendu avec composantes multiples) *définie sur K* la donnée d'un idéal principal de $K[X, Y]$, c'est-à-dire d'une classe d'équivalence de polynômes non constants modulo la relation d'équivalence $f \sim g$ s'il existe $\lambda \in K, \lambda \neq 0$, tel que $g = \lambda f$. On dira que f est une équation de la courbe.

Dans ce qui précède une courbe était simplement un sous-ensemble de K^2 et était donc associée à une classe d'équivalence de polynômes sans facteur multiple (voir la proposition 1.3.7). Il est commode pour la suite d'admettre les composantes multiples.

Si f n'a pas de facteur multiple, on dit que la courbe est *réduite* (comparer à la définition 1.5.6).

2.2 Propriétés invariantes par changement de coordonnées affines

Soit $T = (P, Q) : K^2 \to K^2$ un changement de coordonnées affines (voir 1.5.9, exemple (4)) :

$$P = a_{01} + a_{11}X + a_{21}Y, \quad Q = a_{02} + a_{12}X + a_{22}Y, \quad a_{11}a_{22} - a_{12}a_{21} \neq 0.$$

Si $f \in K[X, Y]$, on définit $f^T \in K[X, Y]$ par $f^T(X, Y) = f(P(X, Y), Q(X, Y))$.

L'application $f \mapsto f^T$ ainsi définie est un automorphisme de l'anneau $K[X, Y]$ induisant l'identité sur K (on dit que c'est un automorphisme de $K[X, Y]$ au-dessus de K).

Toutes les propriétés que nous allons considérer seront « invariantes par changement de coordonnées affines » dans le sens suivant : si la propriété concerne un certain nombre de courbes $f_1, \ldots, f_k$ et un certain nombre de points $P_1, \ldots, P_\ell \in K^2$, la même propriété a lieu pour la famille des courbes $f_1^T, \ldots, f_k^T$ et des points $T^{-1}(P_1), \ldots, T^{-1}(P_\ell)$.

L'exemple le plus simple est le *degré* d'une courbe (qui est par définition le degré d'une équation f de la courbe).

Remarque 2.2.1 – Soit C une courbe (réduite) irréductible, et $P \in C$. Une propriété de C en P qui ne dépend que de $\mathcal{O}_P(C)$ est sûrement invariante par changement de coordonnées affines.

Exercice 2.2.2 – Caractériser les automorphismes de $K[X]$ au-dessus de K. Regarder alors les automorphismes de $K[X, Y]$ au-dessus de K.

2.3 Points réguliers, points singuliers, multiplicités

Soit $C \subset K^2$ une courbe, et soit $P \in K^2$. On ramène P à l'origine de K^2 en considérant un changement de coordonnées affines T tel que $T^{-1}(P) = (0, 0)$.

Si g est une équation de C, $f = g^T$ peut s'écrire

$$f = f_0 + f_1 + f_2 + \ldots + f_d,$$

où f_i est un polynôme homogène de degré i en X, Y.

Il est clair que le plus petit entier m tel que $f_m \neq 0$ ne dépend pas de T. On l'appelle la *multiplicité de C (ou de g) au point P* et on le note $m_P(g)$ ou $m_P(C)$ (Comparer au chapitre 0).

Si $m = 0$, $P \notin C$. Si $m = 1$, on dit que P est un *point* régulier (ou *simple*) de C ; si $m > 1$, on dit que P est un point *singulier* (ou *multiple*) de C.

Une courbe dont tous les points sont simples est dite *non singulière*.

Exercice 2.3.1 – 1. Quels sont les points singuliers des courbes

$$C_1 : (X^2 + Y^2)^2 - (Y^2 - X^2) = 0,$$
$$C_2 : (X^2 + Y^2)^3 - 4X^2Y^2 = 0,$$
$$C_3 : -X^3 + X^2 + 4XY + Y^2 - 3X - 1 = 0,$$

etc...

2. Si $f = f_1 \ldots f_k$, $m_P(f) = \sum_{i=1}^{k} m_P(f_i)$; en particulier, si P appartient à une composante multiple ou à 2 composantes distinctes de C, P est singulier.

Lemme 2.3.2 – *$P \in C$ en est un point singulier si et seulement si*

$$\frac{\partial f}{\partial X}(P) = 0, \ et \ \frac{\partial f}{\partial Y}(P) = 0,$$

où f est une équation de C.

Si $P = (a, b)$ est un point régulier de C, la *tangente* en P à C est la droite d'équation

$$\frac{\partial f}{\partial X}(P)(X - a) + \frac{\partial f}{\partial Y}(P)(Y - b) = 0.$$

Plus généralement, si $P = (0, 0)$, la courbe d'équation f_m est « l'ensemble des tangentes en $P = (0, 0)$ » à la courbe d'équation $f = f_m + f_{m+1} + \ldots + f_d$.

Si K est algébriquement clos, on obtient m droites distinctes ou confondues passant par P.

Remarque 2.3.3 – Si la caractéristique de K est zéro, $m_P(f)$ est le plus petit entier m tel qu'il existe une dérivée partielle d'ordre m de f non nulle en P (comparer à 0.9).

Proposition 2.3.4 – *Une courbe réduite n'a qu'un nombre fini de points singuliers.*

Démonstration. Par hypothèse, une équation de la courbe s'écrit

$$f = f_1 \ldots f_k,$$

où les f_i sont des polynômes irréductibles non équivalents.

Si $P \in V(f_i) \cap V(f_j)$, $i \neq j$, P est singulier d'après l'exercice 2) de 2.3.1. D'après la proposition 2.1.1 il n'y a qu'un nombre fini de tels points.

On peut donc supposer que $\exists i$, $P \in V(f_i)$, $P \notin V(f_j)$ si $j \neq i$. Il est alors clair que P est un point singulier de la courbe d'équation f si et seulement si P est un point singulier de la courbe d'équation f_i, c'est-à-dire si

$$P \in V(f_i) \cap V\left(\frac{\partial f_i}{\partial X}\right) \cap V\left(\frac{\partial f_i}{\partial Y}\right).$$

Il reste à voir que $\frac{\partial f_i}{\partial X}$ et $\frac{\partial f_i}{\partial Y}$ ne peuvent être simultanément identiquement nulles.

Si K est un corps de caractéristique zéro, c'est évident car sinon f serait une constante.

Si la caractéristique de K n'est pas nulle, cela entrainerait que f_i n'est pas irréductible (voir, par exemple, le polycopié de Berthelot chapitre IV, page 6).

Nous allons voir maintenant que la notion de point régulier ou de multiplicité en un point P d'une courbe réduite irréductible C se lit déjà sur l'anneau local $\mathcal{O}_P(C)$ si K est un corps algébriquement clos (revoir la remarque 2.2.1).

Pour celà, il faut introduire une définition.

Definition 2.3.5 – *Un anneau de valuation discrète est un anneau intègre, local, noethérien[1], dont l'idéal maximal est non nul et principal. Un générateur de l'idéal maximal s'appelle une uniformisante.*

Exemple 2.3.6 – 1. Quel que soit $x \in K$, $\mathcal{O}_x(K)$ est un anneau de valuation discrète admettant $X - x$ comme uniformisante.

Remarque – 1. Il n'est pas difficile de montrer en utilisant 1.7.4 que si $V \subset K^n$ est une variété, et si $x = (x_1, \ldots, x_n)$, l'idéal maximal de $\mathcal{O}_x(V)$ est engendré par les classes de $X_1 - x_1, \ldots, X_n - x_n$.

2. Nous verrons plus loin que l'anneau des séries formelles $K[[X]]$ est un anneau de valuation discrète admettant X comme uniformisante.

Proposition 2.3.7 – *A est un anneau de valuation discrète si et seulement si il existe $t \in A$, $t \neq 0$, t non inversible, tel que tout élément non nul x de A s'écrive de façon unique*

$$x = u \cdot t^n, u \text{ unité de } A, n \in \mathbb{N}.$$

Démonstration. C'est un exercice.

---

[1] Il découle de la proposition 2.3.7 qu'un tel anneau est en fait principal.

Complément – (une valuation discrète qu'est-ce donc ?) : avec les notations de la proposition 2.3.7, les éléments non nuls du corps des fractions K de l'anneau intègre A s'écrivent de façon unique ut^n, où u est une unité de A et où $n \in \mathbb{Z}$. L'application $v : K \to \mathbb{Z} \cup \{\infty\}$ définie par $v(0) = \infty$ et $v(ut^n) = n$ vérifie manifestement

$$\begin{cases} 1) & v(x) = \infty \Leftrightarrow x = 0, \\ 2) & v(xy) = v(x) + v(y), \\ 3) & v(x + y) \geqslant \min(v(x), v(y)), \end{cases}$$

ce qui lui vaut le nom de « valuation discrète » sur K. Remarquons que v ne dépend pas du choix de t ; en particulier

$$A = \{x \in K \; ; \; v(x) \geqslant 0\},$$
$$\mathcal{M}^n = \{x \in K \; ; \; v(x) \geqslant n\}.$$

Le théorème suivant généralise l'exemple 2.3.6 (1).

Théorème 2.3.8 – *Soit C une courbe plane réduite irréductible sur un corps K algébriquement clos.*

Le point $P \in C$ est un point régulier de C si et seulement si $\mathcal{O}_P(C)$ est un anneau de valuation discrète.

Si $L = aX + bY + c$ est l'équation d'une droite passant par P qui n'est pas tangente à C, l'image de L dans $\mathcal{O}_P(C)$ est une uniformisante.

Démonstration. Si P est un point simple, on peut par changement de coordonnées affines se ramener au cas où une équation de C est $f(X, Y) = Y + $ termes de degré $\geqslant 2$ et où $L = x$. On conclut alors facilement.

La réciproque (qui nécessite K algébriquement clos) découle du théorème suivant :

Théorème 2.3.9 – *Soit C une courbe plane réduite irréductible sur un corps K algébriquement clos*

Soit $\mathcal{M}_P(C)$ l'idéal maximal de l'anneau local $\mathcal{O}_P(C)$ de C en P.

Si n est assez grand, on a

$$m_P(C) = \dim_K \left[\mathcal{M}_P(C)^n / \mathcal{M}_P(C)^{n+1} \right]$$

Explication. si $\mathcal{J}$ est un idéal de A, on sait que $\mathcal{J}^n$ est l'idéal engendré par les éléments de A qui peuvent s'écrire $a_1 \cdot a_2 \ldots a_n$, avec $a_i \in \mathcal{J}$ pour $i = 1, \ldots, n$.

En particulier $\mathcal{J}^n$ est un A-module et $\mathcal{J}^{n+1}$ est un sous A-module de $\mathcal{J}^n$. Le quotient $\mathcal{J}^n / \mathcal{J}^{n+1}$ est donc un A-module.

Ici, $\mathcal{M}_P(C)^n / \mathcal{M}_P(C)^{n+1}$ est donc un $\mathcal{O}_P(C)$-module. Puisque $\mathcal{O}_P(C) \supset K$, $\mathcal{M}_P(C)^n / \mathcal{M}_P(C)^{n+1}$ est en particulier un K-module, c'est-à-dire K-espace vectoriel.

Démonstration. Voir Fulton page 72 : le fait que K soit algébriquement clos intervient par l'intermédiaire du théorème 1.4.2 qui fournit *via* 1.7.4 l'isomorphisme $K[X, Y]/((X, Y)^n, F) \simeq \mathcal{O}_P(C)/\mathcal{M}_P(C)^n$ où F est une équation de C et $P = (0, 0)$.

Lecture. P. Samuel : « Sur l'histoire du 15e problème de Hilbert » *Gazette des Mathé-maticiens*, octobre 1974.

2.4 Nombres d'intersections

Commençons par revenir aux sources, c'est-à-dire au chapitre 0.

Soit $f \in K[X]$ un polynôme non constant et soit $C_1 \subset K^2$ la courbe d'équation $F(X, Y) = Y - f(x) \in K[X, Y]$, c'est-à-dire le *graphe de f*.

Soit C_2 la courbe d'équation $G = Y$.

On ne résiste pas à l'envie de définir le nombre d'intersection de C_1 et C_2 au point $P = (x, 0)$ par

$$(C_1, C_2)_P = m_x(f), \text{ c'est-à-dire par (voir le théorème 0.13)}$$
$$(C_1, C_2)_P = \dim_K \mathcal{O}_x(K)/f\mathcal{O}_x(K),$$

ou encore

$$(C_1, C_2)_P = \dim_K \mathcal{O}_P(K^2)/(F, G)\mathcal{O}_P(K^2).$$

Si K est algébriquement clos, l'égalité

$$\text{degré } f = m = \sum_{x \in K} m_x(f)$$

s'écrit alors

$$\sum_{P \in K^2} (C_1, C_2)_P = (\text{degré } C_1) \times (\text{degré } C_2)$$

et apparaît comme un cas trivial du théorème de Bézout (voir plus loin).

Definition 2.4.1 – *Soient C_1, C_2 deux courbes planes affines définies sur un corps K. Soient $F, G \in K[X, Y]$ des équations de C_1, C_2.*

Le nombre d'intersection de C_1 et C_2 au point $P \in K^2$ est par définition

$$(C_1, C_2)_P = (F, G)_P = \dim_K \mathcal{O}_P(K^2)/(F, G)\mathcal{O}_P(K^2).$$

Remarque 2.4.2 – Si on fait le même changement de coordonnées affines T sur F et G, on a

$$(F^T, G^T)_{T^{-1}(P)} = (F, G)_P.$$

Exercice 2.4.2′ – Montrer en utilisant l'exercice 1.7.4 que, si P est un point régulier de C_2, $(C_1, C_2)_P$ n'est autre que la valuation de la classe de F dans $\mathcal{O}_P(C_2)$.

Remarque 2.4.3 – Par définition, $(C_1, C_2)_P$ est toujours positif, et ce seul fait montre bien que cette définition est insuffisante si K n'est pas algébriquement clos, en particulier si $K = \mathbb{R}$.

En effet, pour avoir une constance du total des nombres d'intersections en réel, il faut tenir compte de phénomènes du type suivant (*plis*)

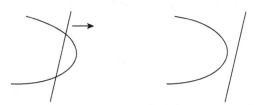

On sent bien ici la nécessité de définir des nombres d'intersection dans $\mathbb{Z}$, de façon que la situation ci-dessus se traduise par $1 - 1 = 0$. On y parvient à l'aide de la notion d'*orientation*.

Dans le cas complexe, il existe une orientation canonique et il n'y a jamais de pli, ce qui explique la positivité des nombres d'intersection. Il est bon de se convaincre de ceci sur l'exemple

$$F = X + Y^2, \quad G = X + a$$

déjà vu en réel et en complexe (essayer de se représenter les surfaces de $\mathbb{C}^2 = \mathbb{R}^4$ correspondantes).

Plus généralement, si $\Phi = (F_1, \ldots, F_n)$ est un morphisme de $\mathbb{C}^n$ dans $\mathbb{C}^n$, on peut calculer le *degré local* de Φ en un point $P \in \mathbb{C}^n$ par une formule du type du nombre d'intersection (voir par exemple l'appendice de J. Milnor : Singular points of complex hypersurfaces, Princeton, où Φ est un germe en 0 d'application holomorphe et où les séries formelles remplacent les fractions rationnelles [pour ce dernier point, voir plus loin]).

Ce point de vue topologique a l'avantage de montrer directement que si $(F, G)_P = k$, on peut (dans les bons cas) trouver ε petit tel que l'intersection de $F + \varepsilon$ et G contienne k points d'intersection transversale au voisinage de P.

Par exemple $F = Y^2 - X^3$, $G = X - Y$, $P = (0, 0)$. Ici, on peut voir les choses en réel :

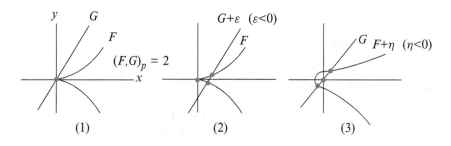

Exercice – Dessiner la situation dans le cas complexe.

Remarque 2.4.4 – On suppose K algébriquement clos. Si C_1 et C_2 ont une composante C_3 en commun c'est-à-dire si F et G ont un facteur irréductible commun non trivial H, $(C_1, C_2)_P$ est infini pour tout point P de cette composante.

En effet, $(F, G)\mathscr{O}_P(K^2) \subset (H)\mathscr{O}_P(K^2)$, donc

$$(C_1, C_2)_P \geqslant \dim_K \mathscr{O}_P(K^2)/(H)\mathscr{O}_P(K^2).$$

De l'exercice 1.7.4, on déduit :

$$(C_1, C_2)_P \geqslant \dim_K \mathscr{O}_P(C_3) \geqslant \dim_K \Gamma(C_3).$$

Enfin $\dim_K \Gamma(C_3) = \dim_K K[X, Y]/(H)$ est infini si K est algébriquement clos, d'après la proposition 1.4.1 et la remarque 2.1.3.

Remarque 2.4.5 – Si C_1 et C_2 se coupent « *transversalement* » en P qui est un point régulier de C_1 et de C_2, c'est-à-dire si les tangentes en P à C_1 et C_2 sont distinctes, on a $(C_1, C_2)_P = 1$.

En effet, on peut supposer, après changement éventuel des coordonnées affines (voir remarque 2.4.1), que

$$F = X + \text{termes de degré} \geqslant 2, \quad G = Y + \text{termes de degré} \geqslant 2, \quad P = (0, 0),$$

auquel cas le calcul est facile.

Plus généralement, on verra plus tard (mais on pourrait voir tout de suite avec Fulton) que dès que C_1 et C_2 n'ont pas de tangente commune en P, $(C_1, C_2)_P = m_P(C_1) \cdot m_P(C_2)$.

Remarque 2.4.6 – On trouvera dans Fulton (chapitre 3, § 3) une caractérisation axiomatique de $(C_1, C_2)_P$; lire en particulier la 7ème propriété affirmant que si F, G sont des équations de C_1, C_2, $(C_1, C_2)_P$ ne dépend que de l'image de G dans $\Gamma(F)$: cette propriété est très utile pour calculer puisqu'elle permet de remplacer G par $G + AF$.

Remarque 2.4.7 – *Si K est algébriquement clos*, on déduit de la proposition 2.1.1 et du théorème 1.4.2 que lorsque C_1 et C_2 n'ont pas de composante en commun, on a

$$\sum_{P \in K^2} (C_1, C_2)_P = \dim_K K[X, Y]/(F, G)$$

si F, G sont des équations de C_1, C_2.

Reprenons, en le complétant, l'exemple utilisé comme point de départ de ce paragraphe ; on supposera K algébriquement clos :

C_1 a pour équation $F(X, Y) = Y - f(X)$,

C_2 a pour équation $G(X, Y) = aX + bY$.

Supposons que degré $f \geqslant 2$; il vient

$$\sum_{P \in K^2} (C_1, C_2)_P = \begin{cases} \text{degré } (aX + bf(X)) = \text{degré } f \text{ si } b \neq 0, \\ 1 \text{ si } b = 0. \end{cases}$$

Autrement dit, pour la valeur exceptionnelle $b = 0$, la plupart des points d'intersections se sont échappés « à l'infini ».

Le but du chapitre suivant est de partir à leur recherche.

3

Ensembles algébriques projectifs

3.1 L'espace projectif $P_n(K)$

L'exemple des deux courbes C_1, C_2 d'équations

$$F = \alpha X + \beta Y + 1, \qquad G = aX + bY,$$

montre que si l'on veut récupérer les points d'intersection « à l'infini », il faut rajouter à K^n au moins un point à l'infini pour chaque direction de droite dans K^n.

On fait ceci facilement en considérant K^n comme l'hyperplan de K^{n+1} d'équation $X_{n+1} - 1$ et en remarquant que

1. Chaque droite de K^{n+1} passant par l'origine et non contenue dans l'hyperplan d'équation X_{n+1} coupe K^n en un seul point,

2. Les droites qui restent s'identifient à l'ensemble des directions de droites dans K^n (« points à l'infini »).

Définition 3.1.1 – *Soit K un corps. On appelle espace projectif de dimension n sur K et on note $P_n(K)$ l'ensemble des droites passant par l'origine dans K^{n+1}.*

Remarques 3.1.2 – 1) $P_n(K)$ s'identifie au quotient de $K^{n+1} - (0, \ldots, 0)$ par la relation d'équivalence suivante :

$$(x_1, \ldots, x_{n+1}) \sim (y_1, \ldots, y_{n+1}) \text{ s'il existe } \lambda \in K, \lambda \neq 0, \text{ tel que } \forall i, y_i = \lambda x_i.$$

Si l'élément (on dira le *point*) $P \in P_n(K)$ est la classe d'équivalence de $(x_1, \ldots, x_{n+1})$, on dit que $(x_1, \ldots, x_{n+1})$ est un *système de coordonnées homogènes de P* et on se permettra de noter $P = (x_1, \ldots, x_{n+1})$.

2) Soit $U_i = \{(x_1, \ldots, x_{n+1}) \in P_n(K) | x_i \neq 0\}$.

Chaque $P \in U_i$ admet un unique système de coordonnées *non homogènes* de la forme

$$P = (y_1, \ldots, y_{i-1}, 1, y_{i+1}, \ldots, y_n),$$

ce qui identifie canoniquement U_i à K^n. Remarquons que $P_n(K) - U_i$ s'identifie naturellement à $P_{n-1}(K)$ et que $P_n(K) = \bigcup_{i=1}^{n+1} U_i$.

3.2 Topologie des espaces projectifs réels et complexes de petite dimension

Si K est un corps muni d'une norme, en particulier $\mathbb{R}$ ou $\mathbb{C}$, $P_n(K)$ est naturellement muni de la topologie quotient de $K^{n+1} - (0, 0, \ldots, 0)$ par la relation d'équivalence de la remarque 3.1.2 (1). Mais $P_n(K)$ est aussi le quotient de la sphère unité de $K^{n+1} - (0, \ldots, 0)$ par la relation d'équivalence induite.

En particulier, $P_n(\mathbb{R})$ est un quotient de la sphère S_n par la relation d'équivalence qui identifie deux points antipodaux, ce qui montre que le revêtement universel (voir un livre de Topologie algébrique) de $P_n(\mathbb{R})$ est S_n et que son groupe fondamental est $\mathbb{Z}/2\mathbb{Z}$.

De même, $P_n(\mathbb{C})$ est un quotient de la sphère S_{2n+1} par une relation d'équivalence dont chaque classe est un cercle. L'application de projection $S_{2n+1} \to P_n(\mathbb{C})$ est appelée la *fibration de Hopf*.

Les U_i forment des cartes de $P_n(K)$ montrant que $P_n(\mathbb{R})$ (resp. $P_n(\mathbb{C})$) est une variété différentiable de dimension (réelle) n (resp. $2n$).

Nous allons essayer de comprendre la topologie de $P_1(\mathbb{R})$, $P_1(\mathbb{C})$, $P_2(\mathbb{R})$, $P_2(\mathbb{C})$.

On voit facilement que $P_1(\mathbb{R})$ s'identifie au cercle S_1. Voici schématiquement la projection naturelle de S_1 sur $P_1(\mathbb{R})$:

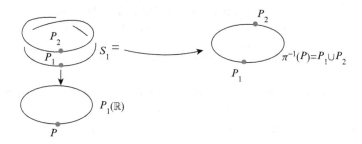

On voit qu'un seul point à l'infini a été rajouté.

De même, $P_1(\mathbb{C})$ s'identifie à la sphère S_2 (on ajoute un point à l'infini à $\mathbb{C} \simeq \mathbb{R}^2$). On appelle souvent $P_1(\mathbb{C})$ la « sphère de Riemann ».

La projection $\pi : S_3 \to S_2 (= P_1(\mathbb{C}))$ est particulièrement intéressante ; c'est la classique fibration de Hopf. Si P_1, P_2 sont deux points distincts de S_2, on peut constater que $\pi^{-1}(P_1)$ et $\pi^{-1}(P_2)$ sont enlacés comme sur la figure ci-dessous :

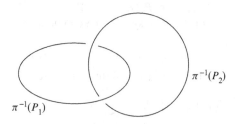

Venons en maintenant à $P_2(\mathbb{R})$: c'est la plus simple des surfaces compactes non orientables.

Chaque classe d'équivalence de $P_2(\mathbb{R}) = S_2/\sim$ est représentée par un point du disque D_2 et $P_2(\mathbb{R})$ s'obtient à partir de D_2 en identifiant 2 à 2 les points du bord diamétralement opposés, ce qu'on représente schématiquement par

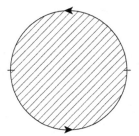

(on identifie les deux parties du bord en respectant le sens des flèches).

Modifications successives de la représentation comme quotient (on identifie les segments correspondants dans le sens donné par les flèches) :

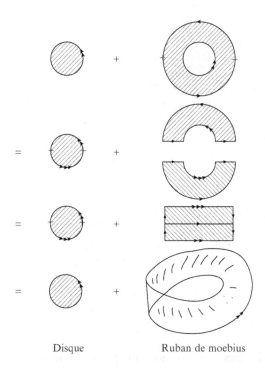

Disque   Ruban de moebius

Si on choisit bien la décomposition, les trois ouverts U_1, U_2, U_3 apparaissent comme les complémentaires des trois exemplaires de $P_1(\mathbb{R}) \cong S_1$ dessinés ci-dessous

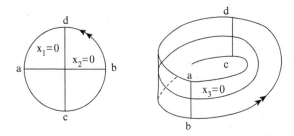

Remarque – Retrouver directement la décomposition disque + ruban de Moebius en prenant un voisinage d'un équateur dans S^2 et en passant au quotient par l'antipodie.

Exercice 3.2.1 – Prendre des ciseaux, couper suivant $x_3 = 0$, et retrouver U_3.

Alternativement, on peut représenter $P_2(\mathbb{R})$ dans $\mathbb{R}^3$ avec des points singuliers et des auto-intersections de la manière suivante (on ne peut pas plonger $P_2(\mathbb{R})$ dans $\mathbb{R}^3$! ! !) :

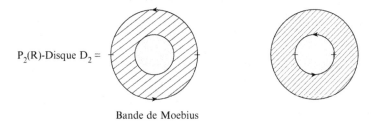

$P_2(R)$-Disque $D_2 =$ Bande de Moebius

Donc en rajoutant le disque :

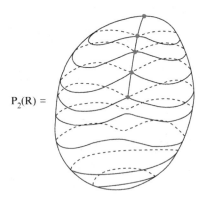

$P_2(R) =$

On trouvera d'autres considérations intéressantes sur $P_2(\mathbb{R})$ dans le livre de Hilbert et Cohn-Vossen : Geometry and the imagination, Chelsea 1952.
Examinons enfin $P_2(\mathbb{C})$ qui se trouve déjà hors du champ visuel, mais qui présente cependant une grande analogie avec $P_1(\mathbb{R})$.

Si on enlève un disque D_4 à $P_2(\mathbb{C})$, on obtient un fibré de base $P_1(\mathbb{C}) \cong S_2$ et de fibre D_2 dont le bord est le fibré de Hopf de S_3 sur S_2 (le ruban de Moebius était un fibré de base $P_1(\mathbb{C}) \cong S_1$ et de fibre D_1 dont le bord est le revêtement de S_1 sur $P_1(\mathbb{R}) \cong S_1$).

Nous revenons maintenant à l'algèbre.

3.3 Ensembles algébriques projectifs et idéaux homogènes

Soit $F \in K[X_1, \ldots, X_{n+1}]$. On dira que $P \in P_n(K)$ est un zéro de F (et on notera $F(P) = 0$) si $F(x_1, \ldots, x_{n+1}) = 0$ *quel que soit* le système de coordonnées homogènes $(x_1, \ldots, x_{n+1})$ de P. Si K est infini, on en déduit immédiatement que pour tout i, $F_i(x_1, \ldots, x_{n+1}) = 0$, où F_i est la partie homogène de degré i de F.

Si $S \subset K[X_1, \ldots, X_{n+1}]$, on définit

$$V(S) = \{P \in P_n(K) | \forall F \in S, F(P) = 0\}.$$

Soit $\mathcal{J}$ l'idéal engendré par S, $\mathfrak{J}$ l'idéal engendré par les parties homogènes des éléments de $\mathcal{J}$; on a

$$V(S) = V(\mathcal{J}) = V(\mathfrak{J}).$$

De même, si $E \subset P_n(K)$, on définit

$$I(E) = \{F \in K[X_1, \ldots, X_{n+1}] | \forall P \in E, F(P) = 0\}.$$

On remarque que $I(E)$ peut être engendré par un nombre fini de polynômes *homogènes*. Ces préliminaires justifient les définitions suivantes :

Définition 3.3.1 – *Un idéal $\mathcal{J} \subset K[X_1, \ldots, X_{n+1}]$ est dit homogène si la condition $F = \displaystyle\sum_{i=0}^{d} F_i \in \mathcal{J}$ (F_i homogène de degré i), implique que $F_i \in \mathcal{J}$ pour $i = 0, \ldots, d$.*

Exemple 3.3.2 – Si $E \subset P_n(K)$, $I(E)$ est un idéal homogène de $K[X_1, \ldots, X_{n+1}]$.

Remarque 3.3.3 – La notion d'idéal homogène a un sens dans tout *anneau gradué*, c'est-à-dire tout anneau A muni d'une décomposition en somme directe *de groupes*

$$A = \underset{\lambda \in \Lambda}{\oplus} A_\lambda,$$

où l'ensemble d'indice Λ est un monoïde additif contenant 0 (par exemple $\Lambda = \mathbb{N}$) et vérifiant

$$A_\lambda \cdot A_{\lambda'} \subseteq A_{\lambda+\lambda'}$$

Les éléments de A_λ sont dits *homogènes de degré* λ et tout élément $a \in A$ s'écrit uniquement comme somme finie d'éléments homogènes.

On appelle alors *idéal homogène* de A un idéal $\mathscr{A}$ engendré par des éléments homogènes. On vérifie trivialement qu'un idéal $\mathscr{A} \subset A$ est homogène si et seulement s'il vérifie la condition de la définition 3.3.1.

La correspondance

$$\left\{ \begin{array}{l} \text{idéaux homogènes} \\ \text{de } K[X_1, \ldots, X_{n+1}] \end{array} \right\} \xrightarrow[\;\;I\;\;]{\;\;V\;\;} \left\{ \begin{array}{l} \text{sous-ensembles algébriques} \\ \text{de } P_n(K) \end{array} \right\}$$

satisfait pratiquement les mêmes propriétés que dans le cas affine. Par exemple, les sous-ensembles algébriques *irréductibles* (même définition) correspondent aux idéaux *premiers* (remarquer que, pour un idéal homogène, la propriété d'être premier se teste uniquement sur les éléments homogènes).

Remarque 3.3.4 – Un sous-ensemble algébrique E de $P_n(K)$ peut être regardé comme un cône $C(E)$ dans K^{n+1}, en posant

$$C(E) = \{(x_1, \ldots, x_{n+1}) \in K^{n+1} | (x_1, \ldots, x_{n+1}) \in E\} \cup \{(0, \ldots, 0)\}.$$

On peut donc passer du point de vue *global* (étude de E) au point de vue *local* (étude de $C(E)$ au voisinage de $(0, \ldots, 0)$).

En particulier, $I_{\text{affine}}(C(E)) = I_{\text{projectif}}(E)$ si E est non vide et de même dans l'autre direction.

Avec ce point de vue, on généralise facilement le théorème des zéros à la situation projective (remarquer que le radical d'un idéal homogène est homogène).

Remarque 3.3.5 – L'idéal $(X_1, \ldots, X_{n+1}) \subset K[X_1, \ldots, X_{n+1}]$ joue un rôle particulier : il définit l'ensemble vide dans $P_n(K)$ (quel que soit K !).

Essayons de poursuivre l'analogie :

Définition 3.3.6 – *Soit V une sous-variété projective de $P_n(K)$ (i.e. un sous-ensemble algébrique irréductible de $P_n(K)$).*

L'anneau de coordonnées homogène de V est

$$\Gamma_h(V) = K[X_1, \ldots, X_{n+1}]/I(V).$$

On notera $K_h(V)$ le corps des fractions de $\Gamma_h(V)$.

ATTENTION ! Les seuls éléments de $\Gamma_h(V)$ qui définissent des fonctions sur V sont les constantes ! ! !

Remarque 3.3.7 – $\Gamma_h(V)$ est naturellement *gradué*.

Définition 3.3.8 – *Soit V une sous-variété projective de $P_n(K)$.*

Le corps des fonctions rationnelles sur V (ou simplement le corps des fonctions de V) est

$$K(V) = \left\{ \varphi \in K_h(V) | \exists F, G \in \Gamma_h(V), \text{ homogènes de même degré, } \varphi = \frac{F}{G} \right\}.$$

Remarque 3.3.9 – Ceux qui connaissent les variétés analytiques ne s'étonneront pas que les seules fonctions régulières sur une sous-variété V de $P_n(K)$ soient les constantes.

Si $K = \mathbb{C}$ (par exemple) et si tous les points de V sont réguliers (dans un sens à préciser), V peut être munie d'une structure de variété analytique complexe et les fonctions régulières sont en particulier des fonctions holomorphes. Puisque V est compacte, une telle fonction est bornée, donc constante (principe du maximum).

Pour faire une bonne théorie des morphismes de variétés projectives, il faut utiliser la *topologie de Zariski* et définir le *faisceau structural* d'une telle variété. La définition 3.3.7 devient alors naturelle : voir, par exemple, le cours de Berthelot Chapitre VI, paragraphe II, ou Fulton, Chapitre 6.

Nous n'aurons, en guise de morphismes, à nous occuper que *des changements de coordonnées projectives*, c'est-à-dire des applications de $P_n(K)$ dans $P_n(K)$ définies par un *isomorphisme linéaire*

$$T = (T_1, \ldots, T_{n+1}) \; : \; K^{n+1} \to K^{n+1}.$$

Comme dans le cas affine, on notera

$$F^T(X_1, \ldots, X_{n+1}) = F(T_1, \ldots, T_{n+1}),$$
$$E^T = T^{-1}(E).$$

Définition 3.3.10 – *Soit V une sous-variété projective de $P_n(K)$, et P un point de $P_n(K)$.*

L'anneau local de V en P est

$$\mathscr{O}_P(V) = \left\{ \varphi \in K(V) | \varphi = \frac{F}{G}, G(P) \neq 0 \right\}.$$

Le lecteur vérifiera sans peine que $\mathscr{O}_P(V)$ est un anneau local, et que son idéal maximal est

$$\mathscr{M}_P(V) = \left\{ \varphi \in \mathscr{O}_P(V) | \varphi = \frac{F}{G}, F(P) = 0 \right\}.$$

3.4 Traduction affine ↔ projectif : homogénéisation et déhomogénéisation

Cartes affines :

$$\varphi_{n+1} \; : \; K^n \to U_{n+1} \subset P_n(K) \quad \text{(voir 3.1.2 (2))}$$
$$(x_1, \ldots, x_n) \mapsto (x_1, \ldots, x_n, 1)$$

On appellera *hyperplan de l'infini* le sous-espace d'équation $x_{n+1} = 0$ (complémentaire de U_{n+1}).

Dictionnaire :

$$F_\star \in K[X_1, \ldots, X_n] \longleftarrow F \text{ homogène} \in K[X_1, \ldots, X_{n+1}]$$

défini par $F_\star(X_1, \ldots, X_n) = F(X_1, \ldots, X_n, 1)$

$$f = \sum_{i=0}^{d} f_i \in K[X_1, \ldots, X_n] \qquad\qquad f^\star \text{ homogène} \in K[X_1, \ldots, X_{n+1}]$$

avec f_i homogène de degré i $\qquad\longrightarrow\qquad$ défini par $f^\star = \sum_{i=0}^{d} X_{n+1}^{d-i} f_i$

$$E \subset K^n, \quad \mathcal{J} = I(E) \qquad\longrightarrow\qquad \begin{aligned} &E^\star = V(\mathcal{J}^\star), \text{ où}\\ &\mathcal{J}^\star = \{f^\star | f \in \mathcal{J}\} \end{aligned}$$

$$E_\star = V(\mathcal{J}_\star), \text{ où } \mathcal{J}_\star = \{F_\star | F \in \mathcal{J}\} \longleftarrow E \subset P_n(K), \mathcal{J} = I(E)$$

Le passage de $P_n(K)$ à K^n est une *restriction* à U_{n+1} (et passage en coordonnées affines).

Le passage de K^n à $P_n(K)$ est une *compactification* par addition de points à l'infini judicieux.

Les propriétés évidentes des opérations $F \mapsto F_\star$ et $f \mapsto f^\star$ sont laissées en exercice (voir Fulton, p. 96, 97). Nous aurons en particulier besoin de la suivante :

Lemme 3.4.1 – *Soit V une variété affine. Il existe un isomorphisme naturel*

$$\alpha : K(V^\star) \xrightarrow{\ \cong\ } K(V)$$

qui induit, pour tout $P \in V$, un isomorphisme

$$\alpha : \mathcal{O}_P(V^\star) \xrightarrow{\ \cong\ } \mathcal{O}_P(V)$$

(où P est identifié à $\varphi_{n+1}(P) \in V^\star$).

Démonstration. $\alpha : \Gamma_h(V^\star) \to \Gamma(V)$ est défini par $\alpha(f) = f_\star$, où $f_\star$ est la classe modulo $I(V)$ de $F_\star$ et $F \in K[X_1, \ldots, X_{n+1}]$ est un polynôme homogène dont la classe modulo $I(V^\star)$ est f (on a supposé f homogène, ce qui est licite d'après le début de 3.3.). La fin de la démonstration est facile.

En conclusion, les problèmes locaux dans $P_n(K)$ se traitent en fait dans K^n.

Exemples d'homogénéisation en réel. 1. $X^2 - Y^3 = 0$ donne $X^2 Z - Y^3 = 0$

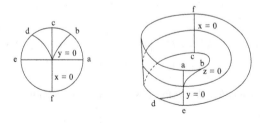

2. *Coniques* (indistinguables dans le projectif).

(i) $X^2 + Y^2 - 1 = 0$ donne $X^2 + Y^2 - Z^2 = 0$

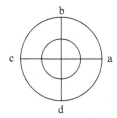 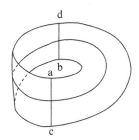

(ii) $Y - X^2 = 0$ donne $YZ - X^2 = 0$

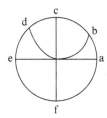 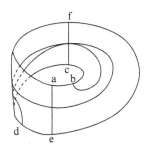

(iii) $XY - 1 = 0$ donne $XY - Z^2 = 0$

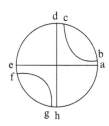 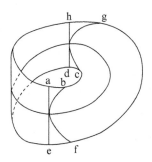

4

Courbes projectives planes : le théorème de Bézout

4.1 Quelques exemples

On commence par reprendre les définitions données pour les courbes planes affines. Une courbe plane projective sera une classe d'équivalence de polynômes *homogènes* non identiquement nuls dans $K[X, Y, Z]$ pour la relation $F \sim G$ s'il existe $\lambda \in K$, $\lambda \neq 0$, tel que $G = \lambda F$.

Grâce au lemme 3.4.1 et au théorème 2.3.9, on voit tout de suite que la multiplicité d'un point sur une courbe projective peut se définir en déhomogénéisant et qu'elle est invariante par changement de coordonnées projectives. En particulier, la notion de point régulier garde un sens. Une courbe F sera dite régulière si tous ses points sont réguliers. Ceci équivaut à « F, $\frac{\partial F}{\partial X}$, $\frac{\partial F}{\partial Y}$, $\frac{\partial F}{\partial Z}$ ne s'annulent pas simultanément sur $P_n(K)$ ».

Remarquons qu'une courbe projective régulière est forcément irréductible (les points d'intersection des composantes seraient singuliers) ; ceci est faux en affine (droites parallèles).

Exercice 4.1.0 – Équation de la tangente à une courbe plane projective en un point régulier.

Remarque 4.1.1 – L'ensemble des courbes projectives planes de degré d définies sur K est de façon naturelle en correspondance avec $P_{N-1}(K)$, où $N = \frac{1}{2}(d+1)(d+2)$. Il suffit en effet de compter le nombre N de coefficients d'un polynôme à 3 indéterminées, homogène de degré d.

On peut montrer que l'ensemble des courbes régulières de degré d correspond au complémentaire d'un sous-ensemble algébrique strict de $P_{N-1}(K)$.

Si $K = \mathbb{C}$, le complémentaire d'un sous-ensemble algébrique strict de $P_{N-1}(\mathbb{C})$ est *connexe*. Autrement dit, étant données deux courbes projectives planes régulières, on peut déformer continûment l'une dans l'autre à travers des courbes régulières !

Ce fait a une conséquence importante : du point de vue géométrique, une courbe algébrique plane régulière définie sur $\mathbb{C}$ est une *variété* (surface) *différentiable orientable connexe compacte de dimension deux* (autrement dit un « tore à g trous », où g est le *genre* de la surface : voir Lefshetz, Topology).

Comme la topologie d'une surface ne peut varier continûment que si l'on passe par des surfaces ayant des singularités, (voir le théorème de submersion d'Ehresmann) on obtient

Théorème 4.1.3 – *Deux courbes projectives planes complexes régulières de même degré sont difféomorphes.*

Pour comprendre la structure d'une telle courbe de degré d, il suffit d'étudier la plus simple d'entre elles, par exemple, celle d'équation

$$F_d := X^d + Y^d + Z^d.$$

C'est ce que nous allons faire pour $d = 1, 2, 3$.

Si $d = 1$, F_1 définit une droite projective : par changement de coordonnées projectives, on se ramène à $F = X$, ce qui permet de mettre en bijection la courbe définie par F et $P_1(\mathbb{C}) \cong S_2$. Dans ce cas, le genre est donc zéro.

Si $d \geqslant 2$, on fait les remarques suivantes :

Puisque la courbe C d'équation $X^d + Y^d + Z^d$ ne contient pas le point $(0, 1, 0)$ (point « à l'infini » dans la direction de l'axe des Y), on peut considérer la restriction à C de l'application

$$\Pi \ : \ P_2(\mathbb{C}) - \{(0, 1, 0)\} \to P_1(\mathbb{C})$$

définie par $\Pi(X, Y, Z) = (X, Z)$.

Si $(X_0, Z_0) \in P_1(\mathbb{C})$ vérifie $X_0^d + Z_0^d \neq 0$, $\Pi^{-1}(X_0, Z_0) \cap C$ est formé de d points et on déduit immédiatement du théorème des fonctions implicites que l'image réciproque par $\Pi|C$ d'un petit disque de centre (X_0, Z_0) est la réunion de d disques disjoints sur chacun desquels Π est un difféomorphisme (revêtement local à d feuillets).

Si $(X_0, Z_0) \in P_1(\mathbb{C})$ vérifie $X_0^d + Z_0^d = 0$, $\Pi^{-1}(X_0, Z_0) \cap C$ est formé de l'unique point $(X_0, 0, Z_0)$. On voit sans peine que l'image réciproque par $\Pi|C$ d'un petit disque de centre (X_0, Z_0) est formée d'un seul disque, sur lequel Π se ramène à l'application $f \ : \ \mathbb{C} \to \mathbb{C}$ définie par $f(Z) = Z^d$.

On résume ceci dans la

Proposition 4.1.4 – *Si $C \subset P_2(\mathbb{C})$ est la courbe d'équation $X^d + Y^d + Z^d$, la projection $\Pi|C \ : \ C \to P_1(\mathbb{C})$ est un revêtement de $P_1(\mathbb{C})$ à d feuillets, ramifié en d points.*

Exercice 4.1.5 – En déduire que la courbe d'équation $X^2 + Y^2 + Z^2$ est difféomorphe à la sphère S_2 et dessiner le revêtement $\Pi|C \ : \ S_2 \to S_2$.

Etude du cas $d = 3$: la figure 1 représente $P_1(\mathbb{C})$ auquel on a ôté trois petits disques centrés aux points solution de $X^3 + Z^3 = 0$.

La figure 2 représente l'image réciproque de la figure 1 par l'application $\Pi|C$. La triangulation aide à construire cette image réciproque.

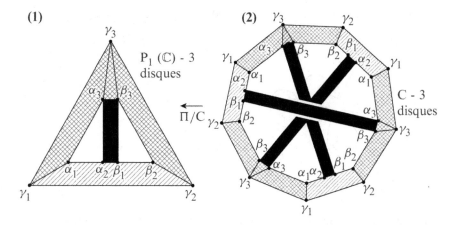

On constate facilement que c'est la seule possibilité compte tenu de ce que l'image réciproque de chacun des cercles $\alpha_1\alpha_2\alpha_3$, $\beta_1\beta_2\beta_3$, $\gamma_1\gamma_2\gamma_3$ doit être un cercle.

Si on oublie la triangulation, on voit donc que $C - 3$ disques est difféomorphe à la surface (à bord) représentée sur la figure 3. Un autre plongement dans $\mathbb{R}^3$ de cette surface est représenté sur la figure 4.

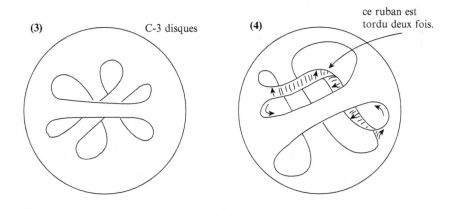

En rapprochant les extrémités du ruban tordu suivant les flèches de la figure 4, on obtient la surface (difféomorphe) de la figure 5 ; de même, en rapprochant les extrémités du ruban R suivant les flèches de la figure 5, on obtient la surface difféomorphe de la figure 6 (noter que cette opération « retourne » R et donc aussi le ruban qu'il porte).

(5)   **(6)**

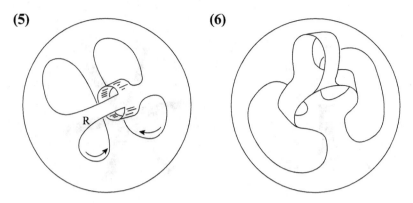

Courage, voici venir la lumière sous la forme des figures 7 et 8 représentant des plongements de $C - 3$ disques dans R^3 équivalents à celui de la figure 6.

(7)   **(8)**

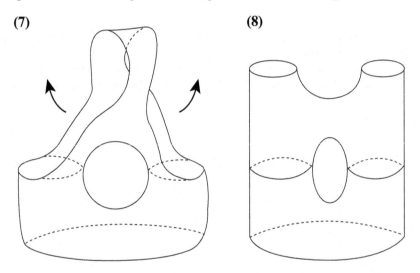

On reconnait maintenant que $C \cong T_2$ (T_2 = surface de genre 1 = $S_1 \times S_1$).

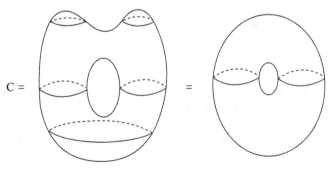

Plus généralement, la proposition 4.1.4 jointe à la notion de *caractéristique d'Euler–Poincaré* d'un polyèdre (voir n'importe quel livre de Topologie algébrique) permet de montrer le

Théorème 4.1.5 – *Une courbe projective plane complexe non singulière de degré d est une « surface de genre $\frac{(d-1)(d-2)}{2}$ ».* On dit que $g = \frac{(d-1)(d-2)}{2}$ *est le genre de C.*

Remarque 4.1.6 – La topologie de la partie réelle d'une courbe projective plane complexe non singulière de degré d pose des problèmes difficiles. Chaque composante connexe est une sous-variété compacte de dimension 1 de $P_2(\mathbb{R})$ et est donc homéomorphe à un cercle (ces composantes sont appelées des *ovales*). Le théorème de Harnack (voir Shafarevitch) affirme qu'il y a au plus $\frac{(d-1)(d-2)}{2} + 1$ composantes connexes : la démonstration est homologique mais la borne se comprend facilement si on pense que la courbe réelle n'est autre que l'ensemble des points fixes de la courbe complexe (surface de genre $\frac{(d-1)(d-2)}{2}$) par l'involution induite par la conjugaison complexe. La disposition des ovales est un problème difficile.

4.2 Le théorème de Bézout (1ère démonstration)

Donner une solution à l'équation $X^2 + 1$ avait suffi pour donner m solutions (comptées avec multiplicités) à toute équation de degré m ; donner un point d'intersection à deux droites quelconques suffit alors pour donner mn points d'intersection (comptés avec multiplicité) à deux courbes de degrés respectifs m et n (penser à l'intersection de m droites avec n droites).

Exercice 4.2.0 – Si C_1 et C_2 sont deux courbes projectives dans $P_2(K)$, leur nombre d'intersection $(C_1, C_2)_P$ en un point $P \in P_2(K)$ est défini par

$$(C_1, C_2)_P = \dim_K \mathscr{O}_P(P_2(K)) / \left(\frac{F}{L^m}, \frac{G}{L^n} \right) \mathscr{O}_P(P_2(K)),$$

où degré $F = m$, degré $G = n$ (F, G équations homogènes de C_1, C_2) et où $L = 0$ est l'équation d'une droite ne passant pas par P.

Montrer que cette définition est consistante (ce qui revient à dire que le nombre d'intersection en P des courbes affines obtenues en choisissant une droite à l'infini ne passant pas par P ne dépend pas du choix de cette droite).

En déduire que $(C_1, C_2)_P$ est un invariant projectif du couple (C_1, C_2).

Théorème (de Bézout) 4.2.1 – *Soit K un corps algébriquement clos ; si C_1, C_2 sont deux courbes projectives planes définies sur K de degrés respectivement m et n, n'ayant pas de composante en commun, on a*

$$\sum_{P \in P_2(\mathbb{C})} (C_1, C_2)_P = mn.$$

Démonstration. D'après la proposition 2.1.1, $C_1 \cap C_2$ est un ensemble fini. On peut donc supposer (après changement de coordonnées projectives éventuel) qu'aucun des points d'intersection ne se trouve sur la « droite de l'infini » d'équation Z.

Rappelons (voir la section 3.4) qu'étant donné un polynôme homogène $F \in K[X, Y, Z]$, on a défini $F_\star \in K[X, Y]$ par $F_\star(X, Y) = F(X, Y, 1)$.

D'après le lemme 3.4.1 et le théorème 1.4.2, le théorème 4.2.1 s'écrit

$$\dim_K K[X, Y]/(F_\star, G_\star) = mn.$$

La démonstration n'est pas très difficile (voir Fulton p. 113, 114).

Bien entendu, si f et $g \in K[X, Y]$ sont de degrés respectivement m et n, la dimension de $K[X, Y]/(f, g)$ n'est pas en général égale à mn ; on affirme ici qu'elle est égale à mn si les polynômes homogènes $f^\star, g^\star, Z \in K[X, Y, Z]$ n'ont pas de zéro commun, autrement dit, si $f^\star(X, Y, 0) = f_m(X, Y)$ et $g^\star(X, Y, 0) = g_n(X, Y)$ sont des polynômes homogènes premiers entre eux dans $K[X, Y]$ (pas de direction asymptotique commune). Le chapitre 5 de Fulton contient quelques applications intéressantes.

Nous abordons maintenant le chapitre qui joue le rôle de charnière entre théorie globale et théorie locale. Il s'agit d'interpréter le nombre d'intersection comme la multiplicité d'une racine d'un certain *polynôme* (le résultant), ce qui réduit le théorème de Bézout à l'égalité $m(f) = \sum_{x \in K} m_x(f)$ du chapitre 0.

Si on compare à l'introduction de la section 2.4, on peut appeler ceci un retour aux sources !

5

Le résultant

5.1 Théorie élémentaire du résultant

(Pour une présentation plus conceptuelle, voir le cours de B. Teissier.)

Soit A un anneau,

$$f = \sum_{i=0}^{m} \alpha_i Y^i \in A[Y], \alpha_m \neq 0,$$

$$g = \sum_{j=0}^{n} \beta_j Y^j \in A[Y], \beta_n \neq 0.$$

Définition 5.1.1 – *On appelle résultant de f et g, et on note $R_{(f,g)}$ l'élément de A défini par*

$$
R_{(f,g)} = \det \left.\left|
\begin{array}{cccccccccccc}
\alpha_0 & \alpha_1 & \cdot & \cdot & \cdot & \cdot & \alpha_{m-1} & \alpha_m & 0 & \cdot & \cdot & 0 \\
0 & \alpha_0 & \alpha_1 & \cdot & \cdot & \cdot & \cdot & \alpha_{m-1} & \alpha_m & 0 & \cdot & 0 \\
\cdot & \cdot & \cdot & \cdot & \cdot & \cdot & \cdot & \cdot & \cdot & \cdot & \cdot & \cdot \\
0 & \cdot & 0 & \alpha_0 & \alpha_1 & \cdot & \cdot & \cdot & \cdot & \alpha_{m-1} & \alpha_m & 0 \\
0 & \cdot & \cdot & 0 & \alpha_0 & \alpha_1 & \cdot & \cdot & \cdot & \cdot & \alpha_{m-1} & \alpha_m \\
\beta_0 & \beta_1 & \cdot & \cdot & \beta_{n-1} & \beta_n & 0 & \cdot & \cdot & \cdot & \cdot & 0 \\
0 & \beta_0 & \beta_1 & \cdot & \cdot & \beta_{n-1} & \beta_n & 0 & \cdot & \cdot & \cdot & 0 \\
\cdot & \cdot & \cdot & \cdot & \cdot & \cdot & \cdot & \cdot & \cdot & \cdot & \cdot & \cdot \\
\cdot & \cdot & \cdot & \cdot & \cdot & \cdot & \cdot & \cdot & \cdot & \cdot & \cdot & \cdot \\
0 & \cdot & \cdot & \cdot & 0 & \beta_0 & \beta_1 & \cdot & \cdot & \beta_{n-1} & \beta_n & 0 \\
0 & \cdot & \cdot & \cdot & \cdot & 0 & \beta_0 & \beta_1 & \cdot & \cdot & \beta_{n-1} & \beta_n
\end{array}
\right|
\begin{array}{l}
\left.\rule{0pt}{5ex}\right\} n \\
\left.\rule{0pt}{5ex}\right\} m
\end{array}
\right.
$$

$$\underbrace{\hphantom{\alpha_0 \alpha_1 \cdots \alpha_{m-1} \alpha_m 0 \cdots 0 \beta_0 \beta_1}}_{m+n}$$

Lemme 5.1.2 – *Si A est un anneau intègre, la nullité de $R_{(f,g)}$ équivaut à l'existence de deux polynômes non nuls, ϕ, $\psi \in A[Y]$, avec degré $\phi < m$, degré $\psi < n$, tels que*

$$f\psi = g\phi.$$

Démonstration. On considère l'identité

$$(\alpha_0 + \alpha_1 Y + \cdots + \alpha_m Y^m)(v_0 + v_1 Y + \cdots + v_{n-1} Y^{n-1})$$
$$= (\beta_0 + \beta_1 Y + \cdots + \beta_n Y^n)(u_0 + u_1 Y + \cdots + u_{m-1} Y^{m-1})$$

comme un système de $m+n$ équations linéaires en les $m+n$ inconnues $u_0, u_1, \ldots,$ $u_{m-1}, v_0, v_1, \ldots, v_{n-1}$, et on remarque que $R_{(f,g)}$ est, au signe près, le déterminant de ce système.

L'existence d'une solution non triviale dans le corps des fractions K de A équivaut donc à la nullité de $R_{(f,g)}$ (Cramer). Mais l'existence d'une solution non triviale dans K entraîne l'existence d'une solution non triviale dans A (on multiplie par un dénominateur commun les solutions). c.q.f.d.

L'intérêt du résultant réside dans la proposition suivante :

Proposition 5.1.3 – *Soit A un anneau factoriel, et $f, g \in A[Y]$ comme précédemment. f et g ont un facteur commun non constant si et seulement si $R_{(f,g)} = 0$.*

Démonstration. Tout revient à montrer que f et g ont un facteur commun non constant si et seulement s'il existe ϕ et ψ, comme dans le lemme précédent.

La condition est nécessaire : si $f = \tilde{f}h, g = \tilde{g}h$, on peut prendre $\psi = \tilde{g}, \phi = \tilde{f}$.

La condition est suffisante : si $f\psi = g\phi$, les facteurs irréductibles d'une décomposition de g apparaissent tous dans un décomposition de $f\psi$; ils ne peuvent apparaître tous dans une décomposition de ψ car degré $\psi <$ degré g, ce qui prouve que l'un d'eux apparaît dans une décomposition de f. c.q.f.d.

Remarques 5.1.4 – 1. Il faut insister sur le caractère un peu miraculeux de l'existence du résultant :

Considérons $F = \sum_{i=0}^{m} A_i Y^i$ comme un élément de $\mathbb{Z}[A_0, \ldots, A_m, Y]$, et de même

$$G = \sum_{j=0}^{n} B_i Y^j \text{ comme un élément de } \mathbb{Z}[B_0, \ldots, B_n, Y].$$

Ces deux anneaux sont contenus dans $\mathbb{C}[A_0, \ldots, A_m, B_0, \ldots, B_n, Y]$, ce qui permet de considérer F et G comme les équations de deux sous-ensembles algébriques $\mathscr{E}_F$ et $\mathscr{E}_G$ de $\mathbb{C}^{m+1} \times \mathbb{C}^{n+1} \times \mathbb{C}$ (hypersurfaces).

L'ensemble des points $(\alpha_0, \ldots, \alpha_m, \beta_0, \ldots, \beta_n) \in \mathbb{C}^{m+1} \times \mathbb{C}^{n+1}$ tels que les polyômes $\sum_{i=0}^{m} \alpha_i Y^i$ et $\sum_{j=0}^{n} \beta_j Y^j \in \mathbb{C}[Y]$ aient au moins un facteur commun (c'est-à-dire au moins une racine commune) est l'image $\pi(\mathscr{E}_F \cap \mathscr{E}_G)$ de l'intersection $\mathscr{E}_F \cap \mathscr{E}_G \subset \mathbb{C}^{m+1} \times \mathbb{C}^{n+1} \times \mathbb{C}$ par la projection naturelle $\pi : \mathbb{C}^{m+1} \times \mathbb{C}^{n+1} \times \mathbb{C} \to \mathbb{C}^{m+1} \times \mathbb{C}^{n+1}$. Le miracle est que cette projection soit définie par une équation polynomiale (le résultant) ! ! !

2. Soient A, B deux anneaux factoriels, $A \subset B$. Si $f, g \in A[Y]$ ont un facteur commun non constant dans $B[Y]$, $R_{(f,g)}$ est nul en tant qu'élément de B et donc aussi en tant qu'élément de A ; f et g ont donc un facteur commun non constant dans $A[Y]$. En particulier, *les composantes multiples d'une courbe se voient déjà localement.*

3. Le résultant d'un polynôme et de son polynôme dérivé s'appelle le *discriminant* du polynôme ; ce discriminant peut être considéré comme l'équation de l'ensemble des points $(\alpha_0, \ldots, \alpha_m) \in \mathbb{C}^{m+1}$ pour lesquels le polynôme $\sum_{i=0}^{m} \alpha_i Y^i \in \mathbb{C}[Y]$ a une racine multiple.

Exemple – On trouve facilement que le discriminant de $X^3 + pX + q$ est $4p^3 + 27q^2$.

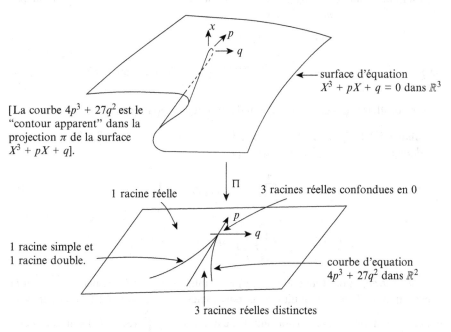

surface d'équation
$X^3 + pX + q = 0$ dans $\mathbb{R}^3$

[La courbe $4p^3 + 27q^2$ est le "contour apparent" dans la projection π de la surface $X^3 + pX + q$].

1 racine réelle

3 racines réelles confondues en 0

1 racine simple et 1 racine double.

courbe d'equation
$4p^3 + 27q^2$ dans $\mathbb{R}^2$

3 racines réelles distinctes

Nous allons appliquer les idées qui précèdent au cas où A est un anneau de polynômes.

Théorème 5.1.5 – *Soit A un anneau, soient F et G deux polynômes homogènes dans $A[X_1, \ldots, X_s, Y]$ de degrés respectifs m et n ; si les degrés en Y de F et G considérés comme des éléments de $A[X_1, \ldots, X_s][Y]$ sont respectivement m et n, leur résultant est ou bien nul, ou bien un polynôme homogène de degré mn dans $A[X_1, \ldots, X_s]$.*

Démonstration. (d'après Walker)

$$F = A_m + A_{m-1}Y + \cdots + A_0 Y^m,$$
$$G = B_n + B_{n-1}Y + \cdots + B_0 Y^n,$$

A_i, B_i polynômes homogènes de degré i dans $A[X_1, \ldots, X_s]$, $A_0 \neq 0$, $B_0 \neq 0$.

$R(tX_1, \ldots, tX_s) =$

$$\det \begin{vmatrix} t^m A_m & t^{m-1} A_{m-1} & . & . & . & . & tA_1 & A_0 & 0 & . & . & 0 \\ 0 & t^m A_m & t^{m-1} A_{m-1} & . & . & . & . & tA_1 & A_0 & 0 & . & 0 \\ . & . & . & . & . & . & . & . & . & . & . & . \\ 0 & . & 0 & t^m A_m & t^{m-1} A_{m-1} & . & . & . & . & tA_1 & A_0 & 0 \\ 0 & . & . & 0 & t^m A_m & t^{m-1} A_{m-1} & . & . & . & . & tA_1 & A_0 \\ t^n B_n & t^{n-1} B_{n-1} & . & . & tB_1 & B_0 & 0 & . & . & . & . & 0 \\ 0 & t^n B_n & t^{n-1} B_{n-1} & . & . & tB_1 & B_0 & 0 & . & . & . & 0 \\ . & . & . & . & . & . & . & . & . & . & . & . \\ . & . & . & . & . & . & . & . & . & . & . & . \\ 0 & . & . & 0 & t^n B_n & t^{n-1} B_{n-1} & . & . & tB_1 & B_0 & 0 \\ 0 & . & . & . & 0 & t^n B_n & t^{n-1} B_{n-1} & . & . & tB_1 & B_0 \end{vmatrix}$$

En multipliant la $i$ème ligne par t^{n-i+1} pour $1 \leqslant i \leqslant n$, et la $(n+j)$ème ligne par t^{m-j+1} pour $1 \leqslant j \leqslant m$, on obtient

$$t^p R(tX_1, \ldots, tX_s) = t^q R(X_1, \ldots, X_s),$$

où $p = \frac{n(n+1)}{2} + \frac{m(m+1)}{2}$, et $q = \frac{(m+n)(m+n+1)}{2}$, d'où on déduit $R(tX_1, \ldots, tX_s) = t^{mn} R(X_1, \ldots, X_s)$.

Le corollaire suivant aura une grande importance pour nous :

Corollaire 5.1.6 – *Soit* $R(S_1, \ldots, S_m, T_1, \ldots, T_n) \in A[S_1, \ldots, S_m, T_1, \ldots, T_n]$ *le résultant (par rapport à Y) des polynômes*

$$F = \prod_{i=1}^m (Y - S_i) \ et \ G = \prod_{j=1}^n (Y - T_j).$$

$$On \ a \quad R = a \prod_{i=1}^m \prod_{j=1}^n (S_i - T_j), a \neq 0 \in A.$$

Démonstration. Pour tout couple (i, j) le résultant R est divisible par $S_i - T_j$ car la substitution de T_j à S_i conduit à deux polynômes F et G ayant un facteur commun et annule donc R. La conclusion suit de ce que R et $\prod_{i=1}^m \prod_{j=1}^n (S_i - T_j)$ sont tous deux homogènes de degré mn.

5.2 Résultant et nombres d'intersection

Dans tout ce paragraphe, K désigne un corps algébriquement clos.

Soient C_1, C_2 deux courbes planes affines n'ayant aucune composante en commun. Soient $f, g \in K[X, Y]$ les équations respectives de C_1, C_2, et $R \in K[X]$ le résultant de f et g considérés comme éléments de $K[X][Y]$.

Si le coefficient du terme de plus haut degré (en Y) de $f, g \in K[X][Y]$ ne s'annule pas pour $X = x_0$, c'est-à-dire si ce coefficient est inversible dans $\mathscr{O}_{x_0}(K)$, le résultant de $f(x_0, y), g(x_0, y) \in K[Y]$ n'est autre que $R(x_0)$. Dans ce cas, x_0

est racine de R si et seulement si C_1 et C_2 ont un point d'intersection d'abcisse x_0 (contre-exemple : $f = XY + 1, g = XY - 1, x_0 = 0$) et il est naturel de comparer la multiplicité de x_0 comme racine de R à la somme des nombres d'intersection de C_1 et C_2 aux points d'abcisse x_0.

Exemples 5.2.0 – Regarder les deux cas suivants :

1. $f = XY - 1, g = Y^2 - 1$,
2. $f = Y^2 - X - 1, g = Y^2 + X - 1$.

Proposition 5.2.1 – *Soient K, f, g comme ci-dessus ; quel que soit $x_0 \in K$, on a :*

$$\sum_{y \in K} (C_1, C_2)_{(x_0, y)} = \dim_K \mathscr{O}_{x_0}(K)[Y]/(f, g)\mathscr{O}_{x_0}(K)[Y].$$

Démonstration. Il suffit de prouver l'isomorphisme

$$\mathscr{O}_{x_0}(K)[Y]/(f, g)\mathscr{O}_{x_0}(K)[Y] \cong \prod_{y \in K} \mathscr{O}_{(x_0, y)}(K^2)/(f, g)\mathscr{O}_{(x_0, y)}(K^2).$$

La démonstration est modelée sur celle du théorème 1.4.2.

Proposition 5.2.2 – *Si de plus le coefficient du terme de plus haut degré de f et g considérés comme éléments de $\mathscr{O}_{x_0}(K)[Y]$ est inversible, on a*

$$m_{x_0}(R) = \sum_{y \in K} (C_1, C_2)_{(x_0, y)}.$$

Démonstration (d'après B. Teissier). Soit m (resp. n) le degré en Y de f (resp. g). On déduit facilement de l'hypothèse l'exactitude de la suite de $\mathscr{O}_{x_0}(K)$-modules ci-dessous :

$$\mathscr{O}_{x_0}(K)[Y]/Y^n \mathscr{O}_{x_0}(K)[Y] \oplus \mathscr{O}_{x_0}(K)[Y]/Y^m \mathscr{O}_{x_0}(K)[Y]$$
$$\xrightarrow{u} \mathscr{O}_{x_0}(K)[Y]/fg\,\mathscr{O}_{x_0}(K)[Y] \xrightarrow{p} \mathscr{O}_{x_0}(K)[Y]/(f, g)\mathscr{O}_{x_0}(K)[Y] \to 0$$

p est la projection naturelle et u est l'unique hormorphisme de $\mathscr{O}_{x_0}(K)$-modules défini par

$$u(Y^j, 0) = Y^j f \qquad (j = 0, \ldots, n - 1),$$
$$u(0, Y^i) = Y^i g \qquad (i = 0, \ldots, m - 1)$$

(par abus de notation, Y^j désigne la classe de Y^j modulo $Y^n \mathscr{O}_{x_0}(K)[Y]$ et Y^i désigne la classe de Y^i modulo $Y^m \mathscr{O}_{x_0}(K)[Y]$). On fait alors les remarques suivantes :

(i) La source et le but de u sont des $\mathscr{O}_{x_0}(K)$-modules libres de même dimension $m + n$ (généraliser 0.12 au cas d'un anneau quelconque et d'un polynôme unitaire) et $\det u = R \in K[X] \subset \mathscr{O}_{x_0}(K)$.

(ii) $m_{x_0}(R)$ n'est autre que la *valuation* de R dans l'anneau de valuation discrète $\mathscr{O}_{x_0}(K)$ (rappelons que si t est une uniformisante, la valuation de $a \in \mathscr{O}_{x_0}(K)$est l'entier n tel que $a = $ unité $\times\, t^n$. Si $a = 0$, on pose $v(0) = \infty$).

Compte-tenu de la proposition 5.2.1, la proposition 5.2.2 découle alors de la

Proposition 5.2.3 – *Soit K un corps algébriquement clos. Soit A une K-algèbre, anneau de valuation discrète de corps résiduel K. Soient M_1, M_2 deux A-modules libres de même dimension, et u : $M_1 \to M_2$ un homomorphisme de A-modules. On a*[1]

$$\dim_K \ coker \ u = v(\det u).$$

Démonstration. Si pour un certain choix de bases M_1 et M_2 la matrice de u est diagonale, la proposition est évidente dès qu'on a remarqué que

$$\forall a \in A, \dim_K A/aA = v(a).$$

Pour le cas général, on se rappelle qu'un anneau de valuation discrète est principal et on utilise la proposition suivante qui est classique (voir Bourbaki Algèbre Ch. 7).

Proposition 5.2.4 – *Soit A un anneau principal, M_1 et M_2 deux A-modules libres de même dimension, u : $M_1 \to M_2$ un homomorphisme de A-modules. Il existe des bases de M_1 et M_2 dans lesquelles la matrice de u est diagonale.*

Remarque 5.2.5 – Si (x_0, y_0) est le seul point de $C_1 \cap C_2$ d'abcisse x_0, et si les termes de plus haut degré en Y de f et g sont inversibles dans $\mathscr{O}_{x_0}(K)$, on a

$$(C_1, C_2)_{(x_0,y_0)} = m_{x_0}(R).$$

Cette remarque permet de raccrocher le nombre d'intersection à une notion intuitive lorsque les composantes de C_1 et C_2 sont des graphes :

$$f = \prod_{i=1}^{m}(Y - \alpha_i(X)), \quad \alpha_i(X) \in K[X],$$

$$g = \prod_{j=1}^{n}(Y - \beta_j(X)), \quad \beta_j(X) \in K[X].$$

On déduit du corollaire 5.1.6 que

$$R(X) = \text{constante} \times \prod_{i=1}^{m} \prod_{j=1}^{n}(\alpha_i(X) - \beta_j(X)).$$

La recette de calcul de $(C_1, C_2)_{(x_0,y_0)}$ est donc la suivante :

Soit D la droite d'équation $X - x$, x proche de x_0 ; on considère tous les segments joignant un point de $C_1 \cap D$ à un point de $C_2 \cap D$; à chaque segment on associe l'ordre en $(x - x_0)$ de sa longueur ; enfin on additionne tous ces ordres (si une branche de C_1 ou C_2 a une multiplicité supérieure à 1 (courbe non réduite), on compte les points correspondants de $C_1 \cap D$ ou $C_2 \cap D$ avec cette multiplicité).

Un des buts de la deuxième partie du cours est de rendre valide cette recette (et donc d'en faire une définition) dans le cas général.

---

[1] Rappelons que le conoyau de u (noté coker u) est par définition le A-module $M_2/u(M_1)$. On peut le définir (à isomorphisme près) par l'exactitude de la suite $M_1 \overset{u}{\to} M_2 \to$ coker $u \to 0$.

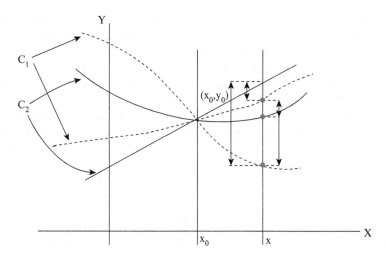

Remarque 5.2.6 – La projection $(X, Y) \mapsto X$ de K^2 sur K munit $\mathscr{O}_{(x_0,y_0)}(K^2)$ d'une structure de $\mathscr{O}_{x_0}(K)$-module.

La démonstration de la proposition 5.2.2 montre alors que si les termes de plus haut degré en Y de f et g sont inversibles dans $\mathscr{O}_{x_0}(K)$, $(C_1, C_2)_{(x_0,y_0)}$ n'est autre que la valuation dans $\mathscr{O}_{x_0}(K)$ du déterminant de l'homomorphisme de $\mathscr{O}_{x_0}(K)$-modules

$$\tilde{u} : \mathscr{O}_{(x_0,y_0)}(K^2)/Y^n \, \mathscr{O}_{(x_0,y_0)}(K^2) \oplus \mathscr{O}_{(x_0,y_0)}(K^2)/Y^m \, \mathscr{O}_{(x_0,y_0)}(K^2)$$
$$\to \; \mathscr{O}_{(x_0,y_0)}(K^2)/fg \, \mathscr{O}_{(x_0,y_0)}(K^2)$$

obtenu de façon évidente à partir de u. C'est bien entendu la façon naturelle de localiser le résultant par rapport à Y.

5.3 Résultant et théorème de Bézout

Dans tout ce paragraphe K désigne un corps algébriquement clos.

Soient C_1, C_2 deux courbes projectives planes n'ayant aucune composante en commun. Soit F (resp. G) l'équation de C_1 (resp. C_2). F (resp. G) est un polynôme homogène de degré m (resp. n) dans $K[X, Y, Z]$.

Après un éventuel changement de coordonnées projective on peut supposer que

1. Ni C_1 ni C_2 ne contient le point $(0, 1, 0)$.

2. C_1 et C_2 n'ont pas d'intersection sur la "droite de l'infini" d'équation $Z = 0$.

Autrement dit, F (resp. G) est de degré m (resp. n) en Y lorsqu'on le considère comme élément de $K[X, Z][Y]$, et le coefficient de son terme de plus haut degré est un élément non nul de K (donc inversible dans $K[X, Z]$).

Puisque C_1 et C_2 n'ont pas de composante en commun, le résultant $R \in K[X, Z]$ de F et G ne peut pas être identiquement nul ; on déduit donc du théorème 5.1.5 que R est un polynôme homogène de degré mn.

Pour compter la somme des nombres d'intersection de C_1 et C_2, on peut se placer dans la carte affine U_3 complémentaire de $Z = 0$, et balayer U_3 par des droites parallèles à OY.

Pour tout $x \in X$, le coefficient du terme de plus haut degré en Y de $F_\star$ et $G_\star$ est un élément non nul de K, donc inversible dans $\mathscr{O}_{x_0}(K)$. On déduit alors de la remarque 5.2.5 l'égalité

$$\sum_{(x,y)\in K^2} (C_1, C_2)_{(x,y)} = \sum_{x\in K} m_x(\rho) = \text{degré } \rho,$$

où $\rho \in K[X]$ est le résultant de $F_\star, G_\star \in K[X][Y]$. Il est clair que $\rho = R_\star$; d'autre part, d'après 2), $(1, 0)$ n'est pas racine de R, donc degré $R_\star = mn$, ce qui redémontre le théorème de Bézout.

6

Point de vue local : anneaux de séries formelles

6.0 Introduction

L'exemple (réel) qui suit va préciser la différence entre point de vue global et point de vue local :

Exemple 6.0.1 – Soit $f(X, Y) = Y^2 - X^2 + X^4$.

La courbe réelle définie par f est une lemniscate ; elle est irréductible car si f s'écrit comme un produit $f_1 \cdot f_2$ de deux polynômes de degré $\neq 0$. f_1 et f_2 ne peuvent être que du premier degré en Y et donc, à une constante près, de la forme $f_1 = Y + \varphi(x)$, $f_2 = Y + \Psi(x)$.

En identifiant, il vient $\varphi = -\Psi$, et $\varphi^2(X) = X^2 - X^4$; Donc $\varphi(X) = \pm X\sqrt{1 - X^2}$ qui n'a de sens en réel que pour $|X| \leqslant 1$ et n'est sûrement pas un polynôme en X.

En fait, si X est petit ($|X| < 1$ suffit) $\varphi(X)$ peut se représenter par la *série entière convergente*

$$\varphi(X) = \pm X \left(1 - \frac{1}{2}X^2 + \frac{1}{8}X^4 + \cdots \right)$$

$$= \pm \left(X - \frac{1}{2}X^3 + \frac{1}{8}X^5 + \cdots \right), \qquad \text{d'où on tire}$$

$$f = \left(Y - X + \frac{1}{2}X^3 - \frac{1}{8}X^5 + \cdots \right) \left(Y + X - \frac{1}{2}X^3 + \frac{1}{8}X^5 + \cdots \right).$$

En conclusion, f ne s'écrit pas comme produit de deux polynômes en Y à coefficients polynômes en X (i.e. polynômes à 2 variables X, Y) mais s'écrit comme produit de deux polynômes en Y à coefficients séries entières en X convergeant pour X assez voisin de 0 : on a *localisé* le problème au voisinage du point $(X, Y) = (0, 0)$; le passage des polynômes aux séries entières nous a rendu suffisamment myopes pour oublier ce qui se passe loin du point $(0, 0)$ et la courbe C apparaît localement comme réunion des deux courbes d'équation $Y = \varphi(X) = 0$ et $Y + \varphi(X) = 0$.

ATTENTION ! Le passage aux fractions rationnelles définies en P ne suffit pas car il ne fait qu'éliminer les composantes irréductibles (globales) ne passant pas par P.

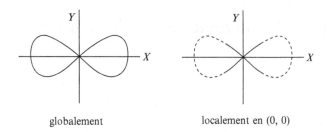

globalement   localement en $(0, 0)$

Remarque 6.0.2 – L'exemple ci-dessous nous montre qu'une courbe « localement réductible » peut être « globalement irréductible ». Par contre, la notion de courbe réduite se lit déjà localement : ceci découle de la théorie du résultant faite dans le chapitre précédent, et plus précisément de la remarque 5.14 2). En effet, si $f = g f_1^2 \in K[X, Y]$, avec f_1, g polynômes en Y a coefficients séries entières convergentes en X, le résultant de f et $\frac{\partial f}{\partial Y}$ est nul comme série convergente en X, donc tout aussi nul comme polynôme en X, ce qui montre que la décomposition de f en facteurs irréductibles dans $K[X, Y]$ contient un facteur multiple.

Notre but dans cette deuxième partie du cours est de comprendre, à l'aide de manipulations de nature algébrique sur un polynôme $f \in \mathbb{C}[X, Y]$, la géométrie de la courbe d'équation f au voisinage d'un de ses points (qu'on supposera être l'origine) ; nous en déduirons en particulier une interprétation géométrique simple du nombre d'intersection (voir remarque 5.2.5).

Exemple 6.0.3 (étude locale d'une courbe complexe) Nous allons étudier au voisinage de $(0, 0)$ la courbe complexe définie par le polynôme $f(X, Y) = Y^2 - X^3$.

Puisque $|Y| = |X|^{3/2}$, le module de X détermine le module de Y ; d'autre part, puisque $\operatorname{Arg} Y = 3/2 \operatorname{Arg} X + k\pi$, l'argument de Y est déterminé à π près par l'argument de X. De la connaissance des points $(X, Y) \in C$ qui sont tels que $|X| = |Y| = 1$, on déduira donc facilement la structure de C au voisinage de $(0, 0)$.

Soit $T \subset \mathbb{C}^2$ défini par

$$T = \{(X, Y) \in \mathbb{C}^2, |X| = |Y| = 1\}.$$

T est un tore de dimension 2 (le produit d'un cercle par un cercle) et nous cherchons à dessiner $C \cap T$: lorsque $X = e^{i\Psi}$, les Y solutions de $f(e^{i\Psi}, Y) = 0$ sont $Y_1 = e^{i\frac{3\Psi}{2}}$ et $Y_2 = -Y_1$.

On voit que lorsque X parcourt $\frac{2\pi}{3}$ radians, il y a « échange » entre Y_1 et Y_2. Ceci se produit 3 fois lorsque X fait un tour complet. Si X parcourt deux fois le cercle unité de $\mathbb{C}$, Y_1 et Y_2 reviennent à leurs places d'origine.

On en déduit la figure 1 qui représente $C \cap T$ (cette courbe fermée ainsi tracée sur le tore est appelée communément le « nœud de trèfle »).

Dans cet exemple très simple, la structure du polynôme est parfaitement reflétée par la géométrie de C : $C \cap T$ « tourne » 3 fois suivant le cercle $|Y| = 1$ et 2 fois suivant le cercle $|X| = 1$. Quant à $C \cap \mathbb{C}^2$, c'est essentiellement un « cône » sur $C \cap T$; plus précisément, l'intersection de C avec chaque cylindre $|X| = \rho$ ressemble à $C \cap T$, la seule exception étant $\rho = 0$ auquel cas le seul point de C est $(0, 0)$ (figure 2).

Remarquez bien que dans $\mathbb{R}^3$ un tel cône sur un nœud de trèfle aurait nécessairement des auto-intersections ; on voit qu'il n'en est pas de même dans $\mathbb{C}^2 \cong \mathbb{R}^4$.

Exercice – Regarder de même les exemples $f(X, Y) = Y^n - X^m, n \geqslant 1, m \geqslant 1$. Par contraste, tracer aussi les courbes réelles correspondantes.

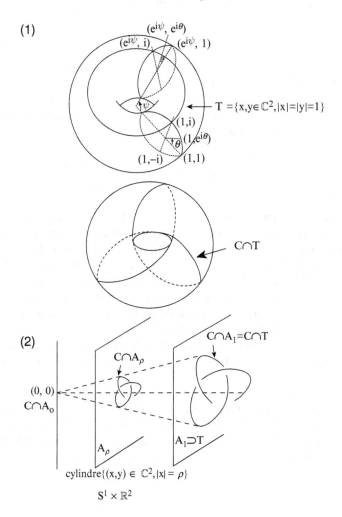

6.04 – Le théorème de préparation de Weierstrass et la structure locale d'une courbe algébrique complexe

Par translation des axes de coordonnées, on peut supposer que c'est au voisinage de $(0, 0)$ qu'on étudie la courbe C, c'est-à-dire que

$$f(X, Y) = \sum_{\substack{0 \leqslant i \leqslant n_1 \\ 0 \leqslant j \leqslant n_2}} a_{ij} X^i X^j \quad \text{avec} \quad a_{00} = 0.$$

Nous cherchons pour C une description analogue à celle qui est donnée dans l'exemple précédent. Pour cela, on considère f comme une famille de polynômes en Y dont les coefficients dépendent de X ; si X est proche de 0, on cherche uniquement les solutions Y *proches de* 0 du polynôme correspondant.

$$\text{Pour } X = 0, \ f(0, Y) = \sum_{0 \leqslant j \leqslant n_2} a_{0j} Y^j.$$

Supposons qu'il existe j tel que $a_{0j} \neq 0$ (si ce n'est pas le cas, il est facile de s'y ramener par un changement linéaire de coordonnées). Soit $k = \inf\{j, a_{0j} \neq 0\}$:
$f(0, Y) = a_{0k} Y^k (1 + a_{0k}^{-1} a_{0(k+1)} Y + \cdots)$, le terme entre parenthèses étant un polynôme en Y ne s'annulant pas pour Y assez petit.

$$f(0, Y) \text{ a donc comme racines} \quad \begin{cases} 0 \text{ (multiplicité } k\text{)}, \\ \text{d'autres racines} \neq 0. \end{cases}$$

Donnons maintenant à X une valeur assez petite ; on peut démontrer que les racines d'un polynôme varient continuement en fonction des coefficients (et donc de X dans le cas présent). On s'attend donc à trouver k solutions Y de $f(X, Y) = 0$ proches de 0 tendant vers 0 si X tend vers 0 ; ceci est rendu précis par le *théorème de préparation de Weierstrass* (que nous démontrerons) qui fournit une décomposition unique $f = u \cdot P$, avec u série entière à 2 variables X, Y, convergeant pour X et Y assez petits (tout ceci sera défini correctement plus loin) et *ne s'annulant pas* pour X et Y assez petits, et $P = Y^k + \alpha_{k-1}(X) Y^{k-1} + \cdots + \alpha_1(X) Y + \alpha_0(X)$, où les $\alpha_i(X)$ sont des séries entières convergeant pour X assez petit et vérifiant $\alpha_i(0) = 0$. Les solutions proches de 0 en Y de $f(X, Y) = 0$ pour X petit sont donc celles de $P(X, Y)$.

Dans le cas où P ne s'écrit pas comme produit de deux polynômes du même type (i.e. à coefficients séries convergentes), on peut montrer que pour X petit *non nul*, les solutions en Y de $P(X, Y) = 0$ sont toutes distinctes ; en faisant varier X sur un petit cercle entourant 0, on retrouve une description locale de C analogue à celle de l'exemple 6.0.3 (mais plus compliquée en général).

Remarque – L'exemple très simple $f(X, Y) = Y - X^2 - XY$ fait comprendre l'apparition des séries convergentes comme coefficients de P : si X est petit,

$$f(X, Y) = Y(1 - X) - X^2, \quad f = u \cdot P \quad \text{avec}$$

$$u = 1 - X, P = Y - \frac{X^2}{1 - X} = Y - (X^2 + X^3 + X^4 + \cdots)$$

Cet exemple est cependant trop simple, car u est un polynôme, et ne dépend même pas de Y ; nous en verrons d'autres !

6.05 – Applications multiformes (correspondances) et théorème de Puiseux

Nous sommes donc confrontés au problème suivant : soit

$$P = Y^k + \alpha_{k-1}(X)Y^{k-1} + \cdots + \alpha_0(X)$$

un polynôme à coefficients séries entières convergentes comme on en a rencontré dans le paragraphe précédent ; comment savoir si P s'écrit comme le produit $P_1 \cdot P_2$ de deux polynômes du même type ?

L'exemple $P = Y^n - X$ montre que les polynômes « indécomposables » peuvent être de degré quelconque ; que ce degré puisse être supérieur à 1 signifie simplement qu'il n'existe à priori aucune série entière convergente $\varphi(X)$ telle que $P(X, \varphi(X)) \equiv 0$ (l'exemple $Y^2 - X^2 + X^4$ vu en 6.0.1 est à cet égard très particulier !).

Cette situation est analogue à celle des polynômes à une variable à coefficients *réels* qui n'ont pas forcément de « solution réelle » ; dans ce dernier cas, on peut chercher les solutions complexes, en déduire une décomposition du polynôme en produit de polynômes du premier degré à coefficients complexes, puis en regroupant 2 à 2 les racines conjuguées en déduire une décomposition en produit de polynômes irréductibles à coefficients réels.

Guidés par cette analogie, nous allons chercher des « solutions » de $P = 0$ dans un ensemble plus gros que celui des séries entières convergentes. On écrira, par exemple, (c'est purement formel pour le moment)

$$Y^n - X = (Y - X^{1/n})(Y - \zeta X^{1/n})(Y - \zeta^2 X^{1/n}) \cdots (Y - \zeta^{n-1} X^{1/n}).$$

où $1, \zeta, \zeta^2, \ldots, \zeta^{n-1}$ sont les racines n-èmes de 1 dans $\mathbb{C}$. De même qu'une application g de $\mathbb{C}$ dans $\mathbb{C}$ est parfaitement définie par son *graphe*, c'est-à-dire par la courbe d'équation $Y - g(X) = 0$, on peut définir l'application multiforme $X \mapsto X^{1/n}$ comme la correspondance qui à chaque point $X \in \mathbb{C}$ associe l'ensemble $\{Y_1, \ldots, Y_n\}$ des solutions de l'équation $Y^n - X = 0$ (son « graphe » est la courbe $Y^n - X = 0$).

Pour X fixé, on peut « choisir » une racine $n^{\text{ème}}$ qu'on appelle $X^{1/n}$ (les autres sont alors $\zeta X^{1/n}, \ldots, \zeta^{n-1} X^{1/n}$) mais ce choix ne peut pas se faire de manière cohérente pour tous les X (il suffit de faire sur la courbe $Y^n - X = 0$ une étude analogue à celle de 6.0.3 pour le voir).

Le théorème de Puiseux affirme essentiellement que $P = 0$ a toujours une solution de la forme

$Y = $ série fractionnaire convergeant pour X petit, c'est-à-dire $Y = \sum_{i \geqslant 1} a_i X^{\frac{i}{p}}$

pour un certain p (nous donnerons un sens précis à tout cela).

C'est dans ce théorème qu'est contenue la relation précise que nous cherchions entre algèbre et géométrie ; à partir de là se greffe une étude « topologique » de C que nous ne pourrons malheureusement pas aborder et dont le résultat est une généralisation très belle et très naturelle de la situation vue dans le paragraphe 6.0.3.

6.06 – Calculs formels

Il est commode de ne pas s'embarrasser dès le début des problèmes de convergence : nous commencerons donc par considérer des séries formelles (i.e. des séries entières dont le rayon de convergence est éventuellement nul) ; un chapitre spécial sera consacré à la convergence.

D'autre part, cela ne coûte pas beaucoup plus cher (à condition d'avoir le théorème de Weierstrass) de considérer des « courbes formelles » c'est-à-dire de supposer que f est une série formelle à deux variables et pas seulement un polynôme.

6.07 – Plan des chapitres suivants

Le chapitre 6 est consacré à l'étude des anneaux de séries formelles : nous montrerons (grâce au théorème de préparation de Weierstrass) que ces anneaux ont d'aussi bonnes propriétés que les anneaux de polynômes. Nous ferons ensuite la liaison avec les anneaux de fractions rationnelles en introduisant la notion de *complétion* d'un anneau.

Le chapitre 7 est consacré à l'étude des anneaux de séries convergentes. Il faudra faire un peu d'analyse pour montrer que ces anneaux ont les mêmes propriétés que les anneaux de séries formelles. On démontrera en particulier le théorème des fonctions implicites et le théorème de préparation de Weierstrass (qui le généralise) : il s'agit essentiellement de montrer la convergence des calculs formels faits au chapitre précédent ; nous utiliserons pour cela la *méthode des séries majorantes*.

Le chapitre 8 est centré sur le théorème de Puiseux. On commence par le démontrer dans le cadre formel (polygone de Newton) ; la convergence découle d'un très joli théorème (conséquence du théorème des fonctions implicites) affirmant que « toute série formelle solution d'une équation algébrique à coefficients série convergente est en fait convergente ».

Il faudrait alors interpréter ce théorème topologiquement sur la courbe C, parler des revêtements et de nœuds toriques itérés, mais ceci est une autre histoire. . .

Enfin, le chapitre 9 introduit les *places* et les *branches*, et donne l'interprétation géométrique du nombre d'intersection.

6.1 Séries formelles à une indéterminée : premières propriétés

Références : Lang p. 146, et surtout Cartan «Fonctions d'une et plusieurs variables complexes» chapitre I.

Une série formelle à coefficients dans l'anneau A sera pour nous une suite $(a_0, a_1, \ldots, a_n, \ldots)$ d'éléments de A (de même qu'un polynôme est une suite dont tous les éléments, sauf un nombre fini, sont nuls). On définit sur l'ensemble de ces suites une structure d'anneau commutatif par

$$(a_0, \ldots, a_n, \ldots) + (b_0, \ldots, b_n, \ldots) = (a_0 + b_0, \ldots, a_n + b_n, \ldots),$$

$$(a_0, \ldots, a_n, \ldots) \cdot (b_0, \ldots, b_n, \ldots) = \left(a_0 \cdot b_0, \ldots, \sum_{i+j=n} a_i \cdot b_j, \ldots \right),$$

ce qui a un sens car il n'y a qu'un nombre *fini* de couples (i, j) tels que $i + j = n$.

Notations – On identifie la suite $(a_0, 0, \ldots, 0, \ldots)$ avec la constante $a_0 \in A$. On note $(0, 1, 0, \ldots, 0, \ldots) = X$. On voit que $(0, 0, \ldots, 0, 1, 0, \ldots, 0, \ldots) = X^n$, d'où la notation $(a_0, \ldots, a_n, \ldots) = \sum_{n \geqslant 0} a_n X^n$. L'anneau des séries formelles à 1 indéterminée à coefficients dans A se note $A[[X]]$. On a

$$A \subset A[X] \subset A[[X]].$$

Un élément de $A[[X]]$ sera noté suivant les cas f ou $f(X)$.

6.1.1 – Ordre d'une série formelle

On ne peut plus définir une notion intéressante de degré ; on définit l'*ordre* de $f = \sum_{n \geqslant 0} a_n X^n \in A[[X]]$ par $\omega(f) = \inf\{n \; ; \; a_n \neq 0\}$.

Si $f = 0$, on pose $\omega(0) = +\infty$. Remarquons qu'un polynôme est une série formelle particulière et que son ordre est donc défini.

Lemme 6.1.2 – $\omega(f \cdot g) = \omega(f) + \omega(g)$.

La démonstration est immédiate sur l'expression de $f \cdot g$.

Corollaire 6.1.3 – *Si A est intègre, $A[[X]]$ est intègre.*

En effet, si $f \neq 0$ et $g \neq 0$, $\omega(f) + \omega(g)$ ne peut être infini.

Justification de la notation $\sum_{n \geqslant 0} a_n X^n$, **familles sommables** *Une famille* $(f_i)_{i \in I}$ *de séries formelles est dite sommable si $\forall n$, il n'existe qu'un nombre fini de f_i dont l'ordre est $\leqslant n$.*

Si $f_i = (\ldots, a_n^i, \ldots)$, on peut définir la « somme » $\sum_{i \in I} f_i = (\ldots, b_n, \ldots)$ par les formules $b_n = \sum_{i \in I} a_n^i$ car ces dernières sommes sont *finies* !

On vérifie que l'addition généralisée ainsi définie est associative et commutative ; en particulier, la famille $(a_n X^n)_{n \in \mathbb{N}}$ est sommable et sa somme est bien la série formelle $\sum_{n \geqslant 0} a_n X^n = (a_0, a_1, \ldots, a_n, \ldots)$.

Remarque 6.1.4 – Quand rencontre-t-on des séries formelles ?

Un exemple important est l'inversion des polynômes. On a par exemple dans $A[[X]]$ l'identité bien connue

$$(1 - X)(1 + X + X^2 + \cdots + X^n + \cdots) = 1.$$

ATTENTION ! On n'a pas dans $A[[X]]$ les inverses de tous les polynômes, par exemple X n'y est pas inversible ; mais tout polynôme $a_0 + a_1 X + \cdots + a_k X^k$ dont le terme constant a_0 est inversible dans A a un inverse dans $A[[X]]$ (voir la proposition plus générale qui suit).

On en déduit que toute fraction rationnelle $\frac{P}{Q} \in K(X)$ telle que $\omega(Q) \leqslant \omega(P)$ définit une série formelle dans $K[[X]]$ (ici K est un corps) ; autrement dit on a $K[X] \subset \mathscr{O}_0(K) \subset K[[X]]$.

Il ne faudrait pas croire, cependant, que toutes les séries formelles à coefficients dans un corps proviennent de fractions rationnelles (de même que tout nombre réel n'est pas rationnel).

Un premier type d'exemples, assez grossiers, est obtenu en remarquant que si $K = \mathbb{R}$ (ou $\mathbb{C}$), une fraction rationnelle P/Q telle que $\omega(Q) \leqslant \omega(P)$ définit une fonction d'un voisinage de 0 dans $\mathbb{R}$ (ou $\mathbb{C}$) à valeurs dans $\mathbb{R}$ (ou $\mathbb{C}$) ; en effet, P/Q a un nombre fini de pôles, et l'hypothèse sur les ordres assure que 0 n'est pas un pôle.

Il suffit donc de prendre une série formelle ayant la propriété de donner une série divergente chaque fois qu'on remplace X par $x \neq 0 \in \mathbb{R}$ (ou $\mathbb{C}$), par exemple, $\sum_{n \geqslant 0} (n!) X^n$.

Un deuxième type d'exemples, plus subtils, sera vu lors de l'étude des séries convergentes ; par exemple la série $\sum_{n \geqslant 0} \frac{1}{n!} X^n$ ne représente pas une fraction rationnelle.

Rappelons que tout élément de $\mathbb{R}[[X]]$ est la série de Taylor en 0 d'une fonction C^∞ (théorème de Borel).

Proposition 6.1.5 – Inverse d'une série formelle

Pour que $f = \sum_{n \geqslant 0} a_n X^n \in A[[X]]$ possède un inverse pour la multiplication dans $A[[X]]$, il faut et il suffit que a_0 soit inversible dans A.

Démonstration. La condition nécessaire est évidente. Pour la condition suffisante, écrivons

$f_1 = a_0^{-1} \cdot f = 1 + b_1 X + \cdots + b_n X^n + \cdots$

et cherchons $g_1 = c_0 + c_1 X + \cdots + c_n X^n + \cdots$

tel que $f_1 \cdot g_1 = 1$. Il vient $c_0 = 1, b_1 \cdot c_0 + c_1 = 0$ d'où c_1, $b_2 \cdot c_0 + b1 \cdot c_1 + c_2 = 0$ d' où c_2, etc ...   c.q.f.d.

On aurait pu raisonner plus globalement de la manière suivante :
écrivons $f_1(X) = 1 - \varphi(X)$, $\varphi(X) = -b_1 X - b_2 X^2 - \cdots - b_n X^n \cdots$
On sait que l'inverse de $1 - Y$ dans $A[[Y]]$ est $1 + Y + Y^2 + \cdots + Y^n + \cdots$.

Si on a le droit de substituer $\varphi(X)$ à Y, on obtient l'inverse de f_1 sour la forme $1 + \varphi(X) + \varphi(X)^2 + \cdots + \varphi(X)^n + \cdots$. C'est cette opération que nous allons justifier maintenant :

6.1.6 – Substitution d'une série formelle dans une autre

(Cette opération correspond à la substitution des polynômes et à la composition des fonctions.)

$$\text{Soit } h = \sum_{n \geqslant 0} a_n Y^n \in A[[Y]], \qquad \varphi = \sum_{n \geqslant 0} u_n X^n \in A[[X]].$$

On suppose $u_0 = 0$ (c'est bien le cas dans le problème qui nous intéresse).

La famille des $\psi_i(X) = a_i \left(\sum_{n \geqslant 0} u_n X^n \right)^i \in A[[X]]$ est une famille *sommable* car $\omega(\psi_i) \geqslant i$ (si $u_0 \neq 0$, cet ordre peut être toujours 0 !). Par définition, sa somme est un élément $\sum_{i \geqslant 0} a_i \left(\sum_{n \geqslant 0} u_n X^n \right)^i \in A[[X]]$ qu'on note $h \circ \varphi(X)$: on dit que c'est la série obtenue à partir de h par substitution de $\varphi(X)$ à Y.

ATTENTION ! La notion de série formelle est si locale qu'*on ne peut pas translater une série formelle* (i.e. on ne peut pas donner un sens à $h(Y - a)$).

Propriétés évidentes de la substitution

1. φ étant donnée, l'application $h \mapsto h \circ \varphi$ de $A[[Y]]$ dans $A[[X]]$ est un homomorphisme d'anneaux.

2. On peut toujours substituer la série formelle nulle ; on a $h(0) = a_0$.

3. Les autres coefficients apparaissent (à des factorielles près) comme la valeur en 0 des « dérivées successives » de h, qu'on définit sans peine formellement $\left(h' = \sum n \, a_n Y^{n-1} \right)$.

Étude des éléments non inversibles de $K[[X]]$ lorsque K est un corps
Soit $\mathscr{M} = \{ f \in K[[X]], \text{ f n'est pas inversible} \}$. On sait que

$$\mathscr{M} = \{ f \in K[[X]], f(0) = 0 \} = \{ \text{éléments d'ordre} \geqslant 1 \}.$$

Mais $a_1 X + a_2 X^2 + \cdots + a_n X^n + \cdots = X(a_1 + a_2 X + \cdots + a_n X^{n-1} + \cdots)$, donc $\mathscr{M}$ *n'est autre que l'idéal de $K[[X]]$ engendré par X*. On en déduit le

Lemme 6.1.7 – *Si K est un corps. $K[[X]]$ est un anneau local.*

Remarque 6.1.8 – L'ensemble des éléments d'ordre $\geqslant k$ s'identifie à l'idéal $\mathscr{M}^k$ engendré par X^k. On remarque que

$$\bigcap_{k \geqslant 1} \mathscr{M}^k = \{0\}.$$

6.2 Séries formelles à plusieurs indéterminées : premières propriétés

Les définitions sont une généralisation évidente de $A[[X]]$ et de $A[X_1, \ldots, X_n]$. Par exemple, un élément $f \in A[[X_1, X_2]]$ est la donnée d'une suite double $(a_{pq})_{\substack{p \geqslant 0 \\ q \geqslant 0}}$ qu'on note $f = f(X_1, X_2) = \sum_{p,q \geqslant 0} a_{pq} \cdot X_1^p \cdot X_2^q$; la somme et le produit sont définis comme vous le pensez, par exemple

$$\left(\sum a_{pq} X_1^p X_2^q \right) \cdot \left(\sum b_{rs} X_1^r X_2^s \right) = \sum c_{ij} X_1^i X_2^j,$$

avec $c_{ij} = \sum_{\substack{p+r=i \\ q+s=j}} a_{pq} b_{rs}$ (somme *finie* !).

$A[[X_1, \ldots, X_n]]$ est donc un anneau commutatif respectable. On aurait pu (comme pour les polynômes) remarquer l'isomorphisme naturel

$$A[[X_1, \ldots, X_n]] \cong A[[X_1, \ldots, X_{n-1}]][[X_n]]$$

et définir ces anneaux par récurrence sur le nombre de variables. Avec cette vision des choses, le lemme suivant est évident :

Lemme 6.2.1 – *Si A est intègre. $A[[X_1, \ldots, X_n]]$ est intègre.*

Remarquons qu'on aurait pu faire de ce lemme une démonstration directe analogue à celle du paragraphe précédent en introduisant l'*ordre* d'une série formelle à plusieurs indéterminées : si $f \in A[[X_1, \ldots, X_n]]$ s'écrit $\sum a_{i_1 \ldots i_n} X_1^{i_1} \ldots X_n^{i_n}$,

$$\omega(f) = \inf \left\{ k \; ; \; \exists p_1, \ldots, p_n, \sum_{i=1}^n p_i = k \text{ et } a_{p_1 \ldots p_n} \neq 0 \right\}.$$

On a une théorie de la substitution parfaitement analogue, dont on déduit la

Proposition 6.2.2 – *Une condition nécessaire et suffisante pour que la série formelle $f = \sum a_{i_1 \ldots i_n} X_1^{i_1} \ldots X_n^{i_n}$ soit inversible dans $A[[X_1, \ldots, X_n]]$ est que $f(0, \ldots, 0) = a_{0 \ldots 0}$ soit inversible dans A.*

Remarquons qu'ici la démonstration par substitution est plus économique que la démonstration directe.

Corollaire 6.2.3 – *Si K est un corps, $K[[X_1, \ldots, X_n]]$ est un anneau local, l'idéal maximal $\mathcal{M} = \{ f \; ; \; f(0, \ldots, 0) = 0 \}$ est engendré par $X_1, X_2, \ldots, X_n$. Sa puissance $k^{\text{ème}} \mathcal{M}^k$ est engendrée par tous les monômes de degré k en $X_1, \ldots, X_n$; c'est aussi l'ensemble des f d'ordre $\geqslant k$. On a toujours $\bigcap_{k \geqslant 1} \mathcal{M}^k = \{0\}$.*

6.24 – Un exemple d'anneau local contrastant avec les séries formelles

Soit $A = C_0^\infty(\mathbb{R}^n)$ l'anneau des germes en 0 de fonctions C^∞ de $\mathbb{R}^n$ dans $\mathbb{R}$. Plus précisément, A est le quotient de l'ensemble des fonctions C^∞ à valeurs réelles définies sur un voisinage ouvert de 0 dans $\mathbb{R}^n$ par la relation d'équivalence suivante : $f : \mathscr{U} \to \mathbb{R}$ est équivalente à $g : \mathscr{V} \to \mathbb{R}$ s'il existe un voisinage ouvert $\mathscr{W}$ de 0 dans $\mathbb{R}^n$ tel que $\mathscr{W} \subset \mathscr{U} \cap \mathscr{V}$, et $f|\mathscr{W} = g|\mathscr{W}$.

A est un anneau local dont l'idéal maximal est l'ensemble $\mathscr{M}$ des germes représentés par $f : \mathscr{U} \to \mathbb{R}$ telle que $f(0) = 0$.

Exercice – 1. Déduire de la formule de Taylor avec reste intégral que $\mathscr{M}$ est engendré par les germes des fonctions $(X_1, \ldots, X_n) \mapsto X_i (i = 1, \ldots, n)$.

2. Montrer que $\bigcap_{k \geqslant 1} \mathscr{M}^k \neq \{0\}$ en remarquant que $\mathscr{M}^k$ est l'ensemble des germes représentés par $f : \mathscr{U} \to R$ telle que $f(0) = f'(0) = \cdots = f^{(k-1)}(0) = 0$. On peut se contenter du cas $n = 1$ et montrer que le germe en 0 de la fonction $x \mapsto e^{-1/x^2}$ est dans $\bigcap_{k \geqslant 1} \mathscr{M}^k$.

Les fonctions de $\mathbb{R}^n$ dans $\mathbb{R}$ dont le germe en 0 est dans $\bigcap_{k \geqslant 1} \mathscr{M}^k$ sont appelées (pour une raison évidente) *fonctions plates en 0*. L'existence de telles fonctions montre le fossé qui sépare les fonctions C^∞ quelconques des fonctions représentées par un polynôme ou même une série convergente (fonctions analytiques, voir le chapitre 7).

Nous entreprenons maintenant l'étude des deux problèmes suivants : soit A un anneau factoriel, $A[[X_1, \ldots, X_n]]$ est-il factoriel ? ; soit A un anneau noethérien, $A[[X_1, \ldots, X_n]]$ est-il noethérien ? Essayons tout d'abord d'adapter les démonstrations faites pour les anneaux de polynômes à coefficients dans A : on s'intéresse donc au passage de A à $A[[X]]$:

1. *Si K est un corps, $K[[X]]$ est principal (donc aussi factoriel et noethérien).* Soit I un idéal de $K[[X]]$, soit $f \in I$ un élément d'ordre minimum $(= p)$ parmi les éléments de I ; $f = X^p \times U$, où U est une unité de $K[[X]]$ et tout $g \in I$ est divisible par X^p ; I est donc engendré par X^p.

2. Pour montrer que $A[[X]]$ est factoriel, on plonge alors $A[[X]]$ dans $K[[X]]$ (K corps des fractions de A) et on essaye de poursuivre le raisonnement comme dans le cas des polynômes ; malheureusement, la notion de *contenu* d'un élément de $K[[X]]$ n'est plus définie, comme le montre l'exemple de $g = \sum_{n \geqslant 0} \frac{1}{p^n} X^n (A = \mathbb{Z}, K = \mathbb{Q})$.

En fait, *il existe des anneaux factoriels tels que $A[[X]]$ ne soit pas factoriel* Nous n'aurons pas à nous en occuper ici (voir le livre de P. Samuel "Factorial rings").

3. Par contre, en ce qui concerne le caractère noethérien, on a encore le

Théorème 6.2.5 – *Si A est noethérien, $A[[X]]$ est noethérien.*

et donc le

Corollaire 6.2.6 – *Si A est noethérien, $A[[X_1, \ldots, X_n]]$ est noethérien.*

La démonstration est la même que pour les polynômes, à condition de remplacer la notion *de degré* par la notion d'*ordre*. (voir Lang page 147).

6.3 Le théorème de préparation de Weierstrass pour les séries formelles

Parmi les conséquences du théorème fondamental que nous allons démontrer maintenant, on trouvera que *si K est un corps*, $K[[X_1, \ldots, X_n]]$ est *noethérien* (on le savait déjà) et *factoriel* (on ne le savait pas encore !).

D'autre part, ce théorème est une généralisation puissante du théorème des fonctions implicites (dans le cadre des séries formelles). Nous allons considérer le cas $n = 2$, car le cas général n'apporte rien de nouveau, toute la difficulté étant déjà contenue dans le cas des courbes planes !

Soit $f(X, Y) \in K[[X, Y]]$; en identifiant $K[[X, Y]]$ avec $K[[X]][[Y]]$, on écrit $f = \sum_{i \geqslant 0} a_i(X) Y^i$, avec $a_i(X) \in K[[X]]$. On supposera $a_0(0) = f(0, 0) = 0 \in K$.

Une première différence entre le cas général $f \in A[[Y]]$ (ici $A = K[[X]]$) et le cas où A est un corps apparait immédiatement : même si $f = \sum \alpha_i Y^i \in A[[Y]]$ n'est pas identiquement nulle, il n'y a aucune raison pour que l'un des coefficients α_i soit inversible.

La situation du théorème des fonctions implicites est celle où $a_1(0) \neq 0 \in K$ (en effet, avec la définition évidente des « dérivées partielles » d'une série formelle, cela s'écrit encore $\frac{\partial f}{\partial Y}(0, 0) \neq 0$).

Nous allons considérer le cas où il existe $p \in \mathbb{N}$ tel que

$$a_0(0) = a_1(0) = \cdots = a_{p-1}(0) = 0, \text{ et } a_p(0) \neq 0.$$

On verra plus loin qu'on peut toujours se ramener à cette situation par un automorphisme de $K[[X, Y]]$.

On peut alors écrire $f(X, Y) = f_1(X, Y) + Y^p \cdot f_2(X, Y)$, où

$$f_1(X, Y) = a_0(X) + a_1(X)Y + \cdots + a_{p-1}(X)Y^{p-1},$$
$$f_2(X, Y) = a_p(X) + a_{p+1}(X)Y + \cdots + a_{p+i}(X)Y^i + \cdots$$

Puisque $a_p(0) \neq 0$, f_2 est une unité de $K[[X, Y]]$, ce qui permet d'écrire

$$f(X, Y) = f_2(X, Y)[Y^p + h(X, Y)], \text{ avec } h(X, Y) = f_2^{-1}(X, Y)f_1(X, Y).$$

On remarque que $h(0, Y) = 0 \in K[[Y]]$ (en effet, $f_1(0, Y) = 0$ par hypothèse).

Envisageons un instant le cas $p = 1$ pour comprendre l'origine du théorème de Weierstrass : on cherche à montrer que « l'équation implicite » $f(X, Y) = 0$ *équivaut* à « l'équation explicite » $Y = \varphi(X)$, ou plus précisément qu'il existe une *unité* $U(X, Y)$ de $K[[X, Y]]$ telle que $f(X, Y) = U(X, Y) \cdot [Y - \varphi(X)]$ (penser aux séries formelles comme à des « fonctions » définies sur un voisinage infinitésimal de

$(0, 0)$; c'est dans ce voisinage infinitésimal que l'on cherche à résoudre ; d'ailleurs, ce voisinage prendra de la consistance lorsqu'on passera aux séries convergentes dans le chapitre 7).

Tout revient donc à montrer l'existence d'une unité $\rho(X, Y) \in K[[X, Y]]$ et d'un élément $\varphi(X) \in K[[X]]$ tels que $Y + h(X, Y) = \rho(X, Y) \cdot [Y - \varphi(X)]$, ce qui s'écrit encore $Y = \rho^{-1}(X, Y) \cdot [Y + h(X, Y)] + \varphi(X)$ qui n'est autre qu'une *identité de division* de Y par $Y + h(X, Y)$!!! *Toute l'idée du théorème général est là* : si g est un élément quelconque de $K[[X, Y]]$, on a une identité de division par Y, à savoir

$$g(X, Y) = q(X, Y) \cdot Y + r(X)$$

où q et r sont uniquement déterminés par g. Puisque $h(0, Y) = 0 \in K[[Y]]$, on peut considérer $Y + h(X, Y)$ comme une *perturbation de* Y (paramétrée par X et s'évanouissant avec X). On va montrer qu'on sait encore diviser g par $Y + h(X, Y)$, c'est-à-dire écrire

$$g(X, Y) = Q(X, Y) \cdot [Y + h(X, Y)] + R(X),$$

où Q et R sont uniquement déterminés par g (on cherchera Q comme perturbation de q). Prenant $g = Y$, on en déduit le résultat cherché en remarquant qu'alors Q est forcément une unité.

Dans le cas général, on perturbe la division par Y^p : si $g \in K[[X, Y]]$, il existe q, r uniquement déterminés tels que

$$g(X, Y) = q(X, Y) \cdot Y^p + r(X, Y), \text{ avec}$$

$$q(X, Y) \in K[[X, Y]], r(X, Y) = \sum_{i=0}^{p-1} r_i(X) Y^i \cdot r_i(X) \in K[[X]].$$

Remarque 6.3.0 – Lorsque $p = 1$, l'identité $f(X, Y) = u(X, Y)(Y - \varphi(X))$, u unité, est évidente directement par le « changement de variables » $(X, Z) \to (X, Z + \psi(X))$, qui transforme la division par $Y - \psi(X)$ en la division par Z.

Théorème de division (formel) 6.3.1 – *Soit p un entier. Si $h(X, Y) \in K[[X, Y]]$ vérifie $h(0, Y) = 0 \in K[[Y]]$, et si $g \in K[[X, Y]]$, il existe Q, R uniquement déterminés tels que*

$$g(X, Y) = Q(X, Y) \cdot [Y^p + h(X, Y)] + R(X, Y),$$

$$Q(X, Y) \in K[[X, Y]], \quad R(X, Y) = \sum_{i=0}^{p-1} R_i(X) Y^i, \quad R_i(X) \in K[[X]].$$

Corollaire 6.3.2 – *De ce qui précède, il résulte immédiatement qu'on a le même énoncé en remplaçant $Y^p + h(X, Y)$ par une série formelle $f(X, Y) = \sum_{i \geqslant 0} a_i(X) Y^i$ vérifiant*

$$a_0(0) = a_1(0) = \cdots = a_{p-1}(0) = 0, \ a_p(0) \neq 0.$$

Corollaire 6.3.3 – (**Théorème de préparation de Weierstrass en formel**) –

Si $f(X, Y) \in K[[X, Y]]$ vérifie les hypothèses du corollaire 6.3.2, il existe une unité $U \in K[[X, Y]]$ et des éléments $\alpha_i(X) \in \mathscr{M} \subset K[[X]]$ uniquement déterminés par f, tels que

$$f(X, Y) = U(X, Y) \left[Y^p + \sum_{i=0}^{p-1} \alpha_i(X) Y^i \right].$$

Démonstration du corollaire 6.3.3. On applique le corollaire 6.3.2 à $g = Y^p$:

$$Y^p = Q(X, Y) \cdot f(X, Y) + \sum_{i=0}^{p-1} R_i(X) \cdot Y^i.$$

L'examen des termes en Y^p montre que $Q(X, Y)$ est une unité ; celui des termes en Y^i ($i < p$) montre que quel que soit $i = 0, \ldots, p-1$, on a $R_i(0) = 0$, c'est-à-dire $R_i(X) \in \mathscr{M} \subset K[[X]]$. On a donc

$$f(X, Y) = Q(X, Y)^{-1} \cdot \left[Y^p - \sum_{i=0}^{p-1} R_i(X) \cdot Y^i \right].$$

ce qui démontre le corollaire 6.3.3.

Démonstration du théorème de division. Soit $g \in K[[X, Y]]$; tout revient à montrer que, si $h(X, Y) \in K[[X, Y]]$ vérifie $h(0, Y) = 0 \in K[[Y]]$, il existe un unique $Q(X, Y) \in K[[X, Y]]$ tel que $g(X, Y) - Q(X, Y).[Y^p + h(X, Y)]$ soit un polynôme de degré $\leqslant p - 1$ en Y, à coefficients dans $K[[X]]$.

1. *Existence de Q* : comme on l'a dit plus haut, on perturbe l'élément $q(X, Y) \in K[[X, Y]]$ défini par la condition que $g(X, Y) - q(X, Y) \cdot Y^p$ soit un polynôme de degré $\leqslant p - 1$ en Y à coefficients dans $K[[X]]$. Cette perturbation se fait par une récurrence (infinie !).

On pose $Q_0(X, Y) = q(X, Y)$, puis on définit par récurrence $Q_k(X, Y)$ par la condition que

$$g(X, Y) - [Q_0(X, Y) + Q_1(X, Y) + \cdots + Q_{k-1}[X, Y]] \cdot [Y^p + h(X, Y)]$$
$$- Q_k(X, Y) \cdot Y^p$$

soit un polynôme de degré $\leqslant p - 1$ en Y à coefficients dans $K[[X]]$ (cette condition étant remplie au niveau $k - 1$ s'écrit au niveau k sous la forme $Q_{k-1}(X, Y)h(X, Y) + Q_k(X, Y) \cdot Y^p$ est un polynôme de degré $\leqslant p - 1$ en Y à coefficients dans $K[[X]]$).

Si la famille $(Q_k(X, Y))_{k \geqslant 0}$ est *sommable*, $Q(X, Y) = \sum_{k \geqslant 0} Q_k(X, Y)$ répond à la question ; nous allons voir que ceci est assuré par la condition sur h :

notons $Q_k(X, Y) = \sum_{i \geqslant 0} \theta_{k,i}(X) \cdot Y^i$, $\theta_{k,i}(X) \in K[[X]]$,

$$h(X, Y) = \sum_{i \geqslant 0} h_i(X) Y^i, \quad h_i(X) \in \mathscr{M} \subset K[[X]].$$

La condition définissant $Q_k(X, Y)$ équivaut à

$$\forall i \geqslant 0, \sum_{j+\ell=i+p} \theta_{k-1,j}(X) \cdot h_\ell(X) + \theta_{k,i}(X) = 0.$$

On en déduit par récurrence que

$$\forall k \geqslant 0, \forall i \geqslant 0, \theta_{k,i}(X) \in \mathscr{M}^k \subset K[[X]], \text{ i.e. ordre } (\theta_{k,i}(X)) \geqslant k,$$

et donc que, $\forall i \geqslant 0$, la famille $(\theta_{k,i})_{k \geqslant 0}$ est sommable. On pose

$$\theta_i(X) = \sum_{k \geqslant 0} \theta_{k,i}(X) \in K[[X]],$$

$$Q(X, Y) = \sum_{k \geqslant 0} Q_k(X, Y) = \sum_{i \geqslant 0} \theta_i(X)Y^i \in K[[X, Y]].$$

2. *Unicité de* Q : si Q et Q' répondent à la question, $[Q(X, Y) - Q'(X, Y)] \cdot [Y^p + h(X, Y)]$ est un polynôme de degré $\leqslant p - 1$ en Y à coefficients dans $K[[X]]$. Notons $Q(X, Y) - Q'(X, Y) = \sum_{i \geqslant 0} \sigma_i(X)Y^i$. Il vient

$$\forall i \geqslant 0, \sigma_i(X) + \sum_{j+\ell=p+i} \sigma_j(X)h_\ell(X) = 0,$$

d'où on déduit par récurrence que

$$\forall \ell \geqslant 0, \forall i \geqslant 0, \sigma_i \in \mathscr{M}^\ell \subset K[[X]], \text{ i.e. } \forall i \geqslant 0, \sigma_i \in \bigcap_{\ell \geqslant 0} \mathscr{M}^\ell = \{0\},$$

ce qui termine la démonstration.

On voit que si un théorème analogue était vrai pour les germes de fonctions C^∞ (il l'est : théorème de Malgrange–Mather !) on n'aurait a priori pas d'unicité pour Q (il n'y en a pas en effet et ceci explique déjà que le théorème soit beaucoup plus difficile à démontrer !).

Remarque 6.3.4 – Qu'a-t-on utilisé dans la démonstration ?

1. Que l'ensemble $\mathscr{M}$ des éléments non inversibles de l'anneau $A = K[[X]]$ forme un idéal, c'est-à-dire que A est un anneau local.

2. Que l'intersection $\bigcap_{k \geqslant 1} \mathscr{M}^k$ des puissances de $\mathscr{M}$ est réduite à $\{0\}$. On dit alors que $K[[X]]$ est séparé.

3. Que pour toute famille $(a_k)_{k \geqslant 0}$ d'éléments de $A = K[[X]]$ telle que, pour tout $k \geqslant 0$, $a_k \in \mathscr{M}^k$, il existe $a \in K[[X]]$ (noté $\sum_{k \geqslant 0} a_k$) tel que pour tout $p \geqslant 0$, on ait $a - \sum_{k<p} a_k \in \mathscr{M}^p$. On dit alors que $K[[X]]$ est complet.

Ces deux dernières conditions peuvent s'énoncer simplement en termes d'une topologie sur l'anneau $A = K[[X]]$ dont les $\mathcal{M}^p$ forment un système fondamental de voisinages de 0 : (2) équivaut à « $K[[X]]$ est *séparé* pour cette topologie », (3) équivaut à « $K[[X]]$ est *complet* pour cette topologie ». *En résumé, on a utilisé que $K[[X]]$ est un anneau local séparé complet.* En particulier, la démonstration marche de manière analogue si on remplace $K[[X]]$ par l'anneau $K[[X_1, \ldots, X_{n-1}]]$. Je laisse donc en exercice (facile) la démonstration des théorèmes suivants qui miment à plusieurs variables les théorèmes qu'on vient de démontrer dans le cas des courbes :

Théorème de division 6.3.5 – *Soit $f(X_1, \ldots, X_n) = \sum a_{i_1 i_2 \ldots i_n} X_1^{i_1} \ldots X_n^{i_n}$ un élément de $K[[X_1, \ldots, X_n]]$ (K est un corps quelconque). On suppose qu'il existe un entier p tel que $a_{0 \ldots 0 i} = 0$ si $i < p$, $a_{0 \ldots 0 p} \neq 0$.*

Alors, si $g(X_1, \ldots, X_n) \in K[[X_1, \ldots, X_n]]$, il existe Q, R uniquement déterminés tels que

$$g(X_1, \ldots, X_n) = Q(X_1, \ldots, X_n) \cdot f(X_1, \ldots, X_n) + R(X_1, \ldots, X_n),$$

$$Q(X_1, \ldots, X_n) \in K[[X_1, \ldots, X_n]],$$

$$R(X_1, \ldots, X_n) = \sum_{i=0}^{p-1} R_i(X_1, \ldots, X_{n-1}) X_n^i,$$

$$R_i(X_1, \ldots, X_{n-1}) \in K[[X_1, \ldots, X_{n-1}]].$$

Corollaire 6.3.6 (théorème de préparation) – *Si f vérifie les hypothèses du théorème de division, il existe une unité $U(X_1, \ldots, X_n) \in K[[X_1, \ldots, X_n]]$ et des éléments $\alpha_i(X_1, \ldots, X_{n-1}) \subset \mathcal{M}$, idéal maximal de $K[[X_1, \ldots, X_{n-1}]]$, uniquement déterminés par f, tels que*

$$f(X_1, \ldots, X_n) = U(X_1, \ldots, X_n) \cdot \left[X_n^p + \sum_{i=0}^{p-1} \alpha_i(X_1, \ldots, X_{n-1}) X_n^i \right].$$

6.37 Applications du théorème de préparation

Vocabulaire : pour se conformer à un usage bien établi, nous appellerons *polynôme distingué* dans $A[Y]$ (A anneau *local*) tout élément de la forme $Y^p + \sum_{i=0}^{p-1} \alpha_i Y^i$ tel que quel que soit i, α_i appartienne à l'idéal maximal $\mathcal{M}$ de A.

D'autre part, deux éléments f, g d'un anneau seront dits *équivalents* s'il existe une unité u de l'anneau telle que $g = u \cdot f$.

Le théorème de préparation général s'énonce alors de la façon suivante :

6.38 – Forme générale du théorème de préparation formel

Soit A un anneau local séparé complet, $\mathcal{M}$ son idéal maximal ; soit $f = \sum_{i \geq 0} a_i Y^i$ un élément de $A[[Y]]$. On suppose qu'il existe $p \in \mathbb{N}$ tel que $a_i \in \mathcal{M}$

pour $i < p$, $a_p \notin \mathcal{M}$. Alors f est équivalent à un polynôme distingué de degré p. De plus, ce polynôme distingué est uniquement déterminé par f.

Notons $\mathcal{W}_p$ le sous-ensemble de $A[[Y]]$ formé des éléments f satisfaisant l'hypothèse ci-dessus avec un p donné, $\mathcal{D}_p$ le sous-ensemble de $\mathcal{W}_p$ formé des polynômes distingués, $\mathcal{W} = \bigcup_{p \in \mathbb{N}} \mathcal{W}_p$, $\mathcal{D} = \bigcup_{p \in \mathbb{N}} \mathcal{D}_p$; $\mathcal{W}$ est le sous-ensemble des éléments de $A[[Y]]$ équivalents à un polynôme distingué. Soit π : $\mathcal{W} \to \mathcal{D}$ l'application qui à $f \in \mathcal{W}_p$ associe l'unique polynôme distingué $\pi(f) \in \mathcal{D}_p$ qui lui est équivalent, i et j les inclusions ; on a le diagramme

$$A[[Y]] \underset{j}{\hookleftarrow} \mathcal{W} \underset{i}{\hookleftarrow} \mathcal{D}$$
$$\underset{\pi}{\to}$$

$\mathcal{W}$ et $\mathcal{D}$ sont des parties multiplicatives de $A[[Y]]$ (c'est évident pour $\mathcal{D}$ et très facile pour $\mathcal{W}$ même sans utiliser le théorème de préparation) ;

π est compatible avec le produit dans $A[[Y]]$, et on a $\pi \circ i =$ identité de $\mathcal{D}$ (c'est l'unicité dans le théorème de préparation). On fait de plus les remarques suivantes :

1. Si $f, g \in A[[Y]]$ et si $f \cdot g \in \mathcal{D}$, alors f et $g \in \mathcal{W}$ (déjà évident si $f \cdot g \in \mathcal{W}$) et $f \cdot g = \pi(f) \cdot \pi(g)$ (c'est toujours l'unicité).

2. Si g est un polynôme en Y (resp. un polynôme distingué) et si $P \in \mathcal{D}$, l'identité de division $g = Q \cdot P + R$ n'est autre que l'identité de division d'un polynôme par un polynôme unitaire, valable quel que soit l'anneau A des coefficients ; en particulier Q est alors un polynôme (resp. un polynôme distingué).

Une fois bien comprise la correspondance entre séries formelles dans $\mathcal{W}$ et polynômes dans $\mathcal{D}$, nous allons en déduire le caractère factoriel et noethérien de l'anneau $K[[X_1, \ldots, X_n]]$ des séries formelles à n indéterminées à *coefficients dans un corps* K en remarquant que dans ce cas, tout élément de $A[[Y]]$ « peut-être transporté dans $\mathcal{W}$ par un automorphisme de $A[[Y]]$ » (on a noté $A = K[[X_1, \ldots, X_{n-1}]]$ et $Y = X_n$).

6.39 Endomorphismes au-dessus de K de l'anneau $K[[X_1, \ldots, X_n]]$ lorsque K est un corps

Dans toute la suite, on ne considérera que les endomorphismes Φ au-dessus de K, i.e. tels que $\Phi(\alpha) = \alpha$ si $\alpha \in K$.

Si Φ est un endomorphisme de $K[[X_1, \ldots, X_n]]$, les éléments $\Phi(X_1), \ldots, \Phi(X_n)$ sont nécessairement dans l'idéal maximal $\mathcal{M}$ des éléments non inversibles de l'anneau $K[[X_1, \ldots, X_n]]$. De plus, Φ est déterminé par la donnée de ces éléments. Plus précisément, si $g_1(X_1, \ldots, X_n), \ldots, g_n(X_1, \ldots, X_n) \in \mathcal{M}$, il existe un et un seul endomorphisme Φ de $K[[X_1, \ldots, X_n]]$ tel que

$$\Phi(X_i) = g_i(X_1, \ldots, X_n), i = 1, \ldots, n ;$$

Φ est en effet défini par

$$\Phi(f)(X_1, \ldots, X_n) = f(g_1(X_1, \ldots, X_n), \ldots, g_n(X_1, \ldots, X_n)),$$

la substitution ayant un sens grâce à l'hypothèse faite sur les g_i.

Définitions 6.3.10 – 1. *Un endomorphisme linéaire est un endomorphisme pour lequel les g_i sont du premier degré en $X_1, \ldots, X_n$.*
2. *Un automorphisme est un endomorphisme inversible.*

Considérons d'abord le cas où $n = 1$:
Soit $g(X)$ (resp. $h(X)$) $\in K[[X]]$, soit Φ (resp. Ψ) l'unique endomorphisme de $K[[X]]$ tel que $\Phi(X) = g(X)$ (resp. $\Psi(X) = h(X)$) ; l'égalité $\Psi \circ \Phi =$ identité de $K[[X]]$ équivaut à $g(h(X)) = X$.
Si $g(X) = \sum_{i \geqslant 1} a_i X^i$ et $h(X) = \sum_{j \geqslant 1} b_j X^j$, on en déduit en particulier $a_1 \cdot b_1 = 1$, et donc $a_1 = \frac{\partial g}{\partial X}(0) \neq 0$. Réciproquement, le théorème de Weierstrass (cas $p = 1$) appliqué à $f(X, Y) = g(Y) - X$ montre que $a_1 \neq 0$ entraine l'existence de h tel que $g(h(X)) = X$.

Exercice 6.3.11 – Démontrer ce fait directement par une identification formelle (très simple !).

La généralisation à plusieurs indéterminées de cette situation n'est autre que la version formelle du théorème de la fonction inverse :

Théorème 6.3.12 – *Soient $g_1, \ldots, g_n$ des éléments de l'idéal maximal de $K[[X_1, \ldots, X_n]]$; soit Φ l'endomorphisme de $K[[X_1, \ldots, X_n]]$ défini par $\Phi(X_i) = g_i, i = 1, \ldots, n$. Une condition nécessaire et suffisante pour que Φ soit un automorphisme est que le déterminant jacobien*

$$J_0(g_1, \ldots, g_n) = \det \begin{pmatrix} \frac{\partial g_1}{\partial X_1}(0, \ldots, 0) \ldots \frac{\partial g_1}{\partial X_n}(0, \ldots, 0) \\ \frac{\partial g_2}{\partial X_1}(0, \ldots, 0) \\ \cdots\cdots\cdots\cdots\cdots\cdots\cdots\cdots\cdots\cdots \\ \frac{\partial g_n}{\partial X_1}(0, \ldots, 0) \ldots \frac{\partial g_n}{\partial X_n}(0, \ldots, 0) \end{pmatrix} \in K$$

soit différent de 0.

Autrement dit, Φ est un automorphisme si et seulement si l'endomorphisme linéaire « tangent » à Φ est un automorphisme.

Démonstration. On cherche à résoudre les équations

$$g_i(Y_1, \ldots, Y_n) - X_i = 0 \quad (i = 1, \ldots, n).$$

1er *pas* – On se ramène au cas où la matrice jacobienne ci-dessus est la matrice identité (i.e. au cas où l'endomorphisme linéaire tangent à Φ est l'identité) :
Pour cela, on note

$$G_i(Y_1, \ldots, Y_n, X_1, \ldots, X_n) \equiv g_i(Y_1, \ldots, Y_n) - X_i$$

$$= -X_i + \sum_{j=1}^n g_{ij} Y_j + \sum_{j_1+\cdots+j_n \geqslant 2} g_{i;j_1,\ldots,j_n} Y_1^{j_1} \ldots Y_n^{j_n}.$$

La matrice jacobienne considérée n'est autre que la matrice (g_{ij}) ; notons (h_{ij}) sa matrice inverse (dont l'hypothèse assure l'existence).
Si on pose $F_i = \sum_{j=1}^n h_{ij} G_j$, on aura

$$F_i(Y_1, \ldots, Y_n, X_1, \ldots, X_n) = -\varphi_i(X_1, \ldots, X_n) + Y_i$$

$$- \sum_{j_1+\cdots+j_n \geqslant 2} f_{i;j_1,\ldots,j_n} Y_1^{j_1} \cdots Y_n^{j_n},$$

où φ_i appartient à l'idéal maximal $\mathscr{M}$ de $K[[X_1, \ldots, X_n]]$, $i = 1, \ldots, n$.

Puisque $G_i = \sum_{j=1}^n g_{ij} F_j$, résoudre les équations $(G_i = 0)_{i=1,\ldots,n}$ équivaut à résoudre les équations $(F_i = 0)_{i=1,\ldots,n}$, qui s'écrivent encore

$$Y_i = \varphi_i(X_1, \ldots, X_n) + \sum_{j_1+\cdots+j_n \geqslant 2} f_{i;j_1,\ldots,j_n} Y_1^{j_1} \cdots Y_n^{j_n}.$$

On détermine alors les solutions $Y_i = \alpha_i(X_1, \ldots, X_n) \in \mathscr{M}$ par récurrence : posons $\alpha_i = \sum_{m \geqslant 1} \beta_{i,m}$ ($\beta_{i,m} =$ les termes homogènes de degré m de α_i) et soit $\alpha_{i,m} = \sum_{1 \leqslant k \leqslant m} \beta_{i,m}$, donc $\alpha_i = \alpha_{i,\infty}$. Si α_i est solution, on a manifestement $\alpha_{i,1} = \beta_{i,1} =$ partie homogène de degré 1 de φ_i.

Supposons $\alpha_{i,m-1}$ déterminé par récurrence ; on voit alors que $\beta_{i,m}$ est la partie homogène de degré m de $\varphi_i + \sum f_{i;j_1\ldots j_n} \alpha_1^{j_1} \ldots \alpha_n^{j_n}$, c'est-à-dire la partie homogène de degré m de $\varphi_i + \sum f_{i;j_1\ldots j_n} \alpha_{1,m-1}^{j_1} \cdots \alpha_{n,m-1}^{j_n}$.

On détermine ainsi $\alpha_{i,m} = \alpha_{i,m-1} + \beta_{i,m}$ pour $1 \leqslant i \leqslant n$. Il est immédiat de vérifier que, si $\alpha_i = \sum_{m \geqslant 1} \beta_{i,m}$; $i = 1, \ldots, n$, on a $\alpha_i = \varphi_i + \sum f_{i;j_1\ldots j_n} \alpha_1^{j_1} \ldots \alpha_n^{j_n}$ et que la solution ainsi trouvée est unique.   c.q.f.d.

Remarque 6.3.13 – La situation n'est plus du tout la même dans les anneaux de polynômes ; par exemple, $X \mapsto a + X$ définit un automorphisme de $K[X]$, dont l'automorphisme inverse est défini par $X \mapsto -a + X$.

Proposition 6.3.14 – *Les seuls automorphismes Φ de l'anneau $K[X]$ au-dessus de K sont ceux de la forme $\Phi(f)(X) = f(a_0 + a_1 X)$ avec $a_1 \neq 0 \in K$.*

Démonstration. Soient Φ et Ψ définis par

$$\Phi(X) = \sum_{i=0}^{n} a_i X^i, \ \Psi(X) = \sum_{j=0}^{p} b_j X^j, \ \text{avec } a_n \neq 0 \text{ et } b_p \neq 0.$$

Écrivons que $\Psi \circ \Phi = $ identité de $K[X]$; il vient :

$$\sum_{i=0}^{n} a_i \left(\sum_{j=0}^{p} b_j X^j \right)^i = X.$$

Le terme de plus haut degré du membre de gauche est $a_n b_p{}^n X^{pn}$ qui est non nul par hypothèse ; on en déduit que $n = p = 1$ et $a_n b_p{}^n = 1$, c'est-à-dire $a_1 \cdot b_1 = 1$, donc $a_1, b_1 \neq 0$.

De façon plus conceptuelle, on peut composer Φ avec un automorphisme de la forme $f(X) \mapsto f(X + a_0)$ pour se ramener au cas où Φ envoie l'idéal maximal $\mathscr{M}_{(0)}$ sur un idéal (forcément maximal) engendré par des éléments de $\mathscr{M}_{(0)}$, c'est-à-dire sur $\mathscr{M}_{(0)}$. L'image $\Phi(X)$ est alors un générateur de $\mathscr{M}_{(0)}$, i.e. $\Phi(X) = a_1 X$, $a_1 \neq 0$.

Dans le cas de polynômes à plusieurs variables, il y a beaucoup plus de possibilités : en composant comme précédemment avec une translation, on se ramène à étudier les systèmes de n éléments $\Phi(X_1), \ldots, \Phi(X_n)$ qui engendrent l'idéal maximal $\mathscr{M}_{(0,\ldots,0)}$ de $K[X_1, \ldots, X_n]$.

Nous pouvons énoncer maintenant le lemme de transport qui permettra, *à un automorphisme près*, d'associer à un *toute* série formelle un polynôme distingué.

Lemme de Transport 6.3.15 – *Soit A un anneau, $f \neq 0 \in A[[X_1, \ldots, X_n]]$; il existe un automorphisme Φ de $A[[X_1, \ldots, X_n]]$ tel que*

$$\Phi(f)(0, \ldots, 0, X_n) \neq 0 \in A[[X_n]].$$

Démonstration. (cf. Bourbaki, Algèbre commutative, ch. 7, § 3, n°7, lemme 3).

1ère *étape* – On montre d'abord qu'il existe des entiers $u_1, \ldots, u_{n-1}$ tels que

$$f(T^{u_1}, T^{u_2}, \ldots, T^{u_{n-1}}, T) \neq 0 \in A[[T]].$$

Pour cela, on raisonne par récurrence en supposant déjà trouvés des entiers $u_1, \ldots, u_{k-1}$ tels que

$$f(X_n^{u_1}, \ldots, X_n^{u_{k-1}}, X_k, \ldots, X_n) \neq 0 \in A[[X_k, \ldots, X_n]].$$

Puisque $A[[X_k, \ldots, X_n]] \cong A[[X_{k+1}, \ldots, X_{n-1}]][[X_k, X_n]]$, tout se ramène en fait au cas où $n = 2$;

Soit donc $f(X, Y) \neq 0$, $f = \sum \alpha_{ij} X^i Y^j \in A[[X, Y]]$; on note $G \subset \mathbb{N} \times \mathbb{N}$ l'ensemble des couples (i, j) tels que $\alpha_{ij} \neq 0 \in A$. On peut ordonner $\mathbb{N} \times \mathbb{N}$ en décidant que

$$(a, b) < (a', b') \Leftrightarrow \begin{cases} a < a' \\ \text{ou} \\ a = a' \text{ et } b < b' \end{cases} \quad \text{(ordre lexicographique).}$$

Soit (c, d) le plus petit élément de G pour cette relation d'ordre et soit $p > d$ un entier.

Affirmation : le terme de degré $cp + d$ de $f(T^p, T)$ est $\alpha_{cd} T^{cp+d}$. En particulier, $f(T^p, T) \neq 0 \in A[[T]]$.

En effet, le coefficient de ce terme est $\displaystyle\sum_{ip+j=cp+d} \alpha_{ij}$; mais si $i < c$, on a pour l'ordre lexicographique $(i, j) < (c, d)$ et donc $\alpha_{ij} = 0$; on ne peut avoir $i \geqslant c + 1$ car alors $ip + j \geqslant (c + 1)p + j \geqslant (c + 1)p > cp + d$; il ne reste que le cas $i = c$, qui entraîne $j = d$.   c.q.f.d.

On considère alors l'endomorphisme Φ de $A[[X_1, \ldots, X_n]]$ défini par

$$\Phi(X_i) = X_i + X_n^{u_i}, i = 1, \ldots, n - 1, \Phi(X_n) = X_n.$$

L'extension aux séries formelles à coefficients dans un anneau de ce qu'on a dit précédemment lorsque les coefficients sont dans un corps est assez claire ; en tout cas Φ est manifestement un automorphisme, car Ψ défini par $\Psi(X_i) = X_i - X_n^{u_i}, i = 1, \ldots, n - 1, \Psi(X_n) = X_n$, est un inverse de Φ.

Il n'y a plus qu'à remarquer que

$$\Phi(f)(0, \ldots, 0, X_n) = f(X_n^{u_1}, \ldots, X_n^{u_{n-1}}, X_n) \neq 0 \in A[[X_n]].$$

Ouf !

Remarque 6.3.16 – Si $A = \mathbb{R}$ ou $\mathbb{C}$ (ou plus généralement un corps K ayant une infinité d'éléments) on peut choisir l'automorphisme Φ linéaire.

Supposons en effet que l'ordre de f soit p et posons $f = \displaystyle\sum_{j \geqslant p} f_j$ avec $f_j =$ termes de degré j (polynôme !).

Puisque K est infini, il existe $(x_1, \ldots, x_n) \in K^n$ tel que $f_p(x_1, \ldots, x_n) \neq 0$ (bien remarquer que ceci est faux si K est par exemple, le corps fini à p éléments, p premier ; vérifiez par exemple, que le polynôme homogène $f = Y X^p - X Y^p \in K[X, Y]$ a la propriété que $f(x, y) = 0$ pour tout $(x, y) \in K^2$).

Mais alors il existe un isomorphisme linéaire de K^n

$$(X_1, \ldots, X_n) \mapsto (g_1(X_1, \ldots, X_n), \ldots, g_n(X_1, \ldots, X_n))$$

qui envoie le point $(0, \ldots, 0, 1)$ sur le point $(x_1, \ldots, x_n)$.

L'automorphisme Φ défini par $\Phi(X_i) = g_i(X_1, \ldots, X_n), i = 1, \ldots, n$ vérifie donc $\Phi(f)(0, \ldots, 0, X_n) \neq 0$.   c.q.f.d.

Nous pouvons maintenant démontrer le

Théorème 6.3.17 – *Si K est un corps, $K[[X_1, \ldots, X_n]]$ est factoriel.*

Démonstration. On raisonne par récurrence sur n ; supposons donc démontré que $K[[X_1, \ldots, X_{n-1}]]$ est factoriel (on sait que c'est vrai pour $K[[X]]$) et considérons $f \in K[[X_1, \ldots, X_n]]$:

D'après ce qui précède, il existe un automorphisme Φ de $K[[X_1, \ldots, X_n]]$ tel que $g = \Phi(f)$ soit équivalent à un polynôme distingué P, i.e. $g = \Phi(f) = u \cdot P$, u unité.

La notion d'irréductibilité étant manifestement stable par automorphisme, il suffit de démontrer que g admet une décomposition unique en facteurs irréductibles dans $K[[X_1, \ldots, X_n]]$.

De l'hypothèse de récurrence et des théorèmes sur les anneaux de polynômes, on déduit que l'anneau $K[[X_1, \ldots, X_{n-1}]][X_n]$ est factoriel ; P admet donc une décomposition unique en facteurs irréductibles dans cet anneau. Pour démontrer le théorème il suffit alors de démontrer

1. Que si un polynôme distingué est irréductible dans $K[[X_1, \ldots, X_{n-1}]][X_n]$, il l'est aussi dans $K[[X_1, \ldots, X_n]]$.

2. Que si $g = q_1 \ldots q_l$ est équivalent à un polynôme distingué, les facteurs $q_1 \ldots q_l$ sont eux mêmes équivalents à un polynôme distingué.

Pour (1) on utilise la remarque (1) du début du paragraphe 1.7 ; (2) est tout aussi évident.   c.q.f.d.

Complément. Bien que l'ayant déjà prouvé avec plus de généralité, montrons comment on déduit du théorème de préparation le

Théorème 6.3.18 – *Si K est un corps, $K[[X_1, \ldots, X_n]]$ est noethérien.*

Le raisonnement se fait aussi par récurrence en supposant que $K[[X_1, \ldots, X_{n-1}]]$ est noethérien ($K[[X]]$ est principal donc noethérien). Le théorème de Hilbert dit alors que $K[[X_1, \ldots, X_{n-1}]][X_n]$ est noethérien.

Soit I un idéal $\neq 0$ de $K[[X_1, \ldots, X_n]]$; la notion d'idéal étant invariante par automorphisme, ainsi que la notion de générateur d'un idéal, on peut se contenter du cas où I contient un élément f équivalent à un polynôme distingué P, ce qui implique que $I \ni P$. Mais alors, $\forall g \in I$ peut s'écrire $g = Q \cdot P + R$, avec R un polynôme de degré $\leqslant p - 1$ dans $K[[X_1, \ldots, X_{n-1}]][X_n]$ (p est le degré de P).

Soit $J = I \cap K[[X_1, \ldots, X_{n-1}]][X_n]$; J est un idéal de $K[[X_1, \ldots, X_{n-1}]][X_n]$ et est donc engendré par des éléments $\rho_1, \ldots, \rho_r$ en nombre fini. Il est clair que les éléments $P, \rho_1, \ldots, \rho_r$ engendrent I.   c.q.f.d.

Remarque 6.3.19 – 1. On peut se contenter de regarder les éléments de J de degré $\leqslant p - 1$; on n'utilise donc pas en fait le théorème d'Hilbert, mais seulement la dernière partie de sa démonstration.

2. La démonstration que l'on vient de donner du caractère noethérien des anneaux de séries formelles à coefficients dans un corps peut être conceptualisée de la manière suivante : les éléments de J de degré $\leqslant p - 1$ forment un module M sur l'anneau

$K[[X_1, \ldots, X_{n-1}]]$ et on peut identifier M à un sous-module de $N = (K[[X_1, \ldots, X_{n-1}]])^p$; puisque $K[[X_1, \ldots, X_{n-1}]]$ est supposé noethérien par récurrence et que N est un module de type fini sur $K[[X_1, \ldots, X_{n-1}]]$, N est noethérien et M est donc engendré par un nombre fini d'éléments ; si on adjoint P à ces éléments on obtient un système fini de générateurs de I.

6.4 Passage des fractions rationnelles aux séries formelles : séparé complété d'un anneau

Ce paragraphe donne la possibilité à tous ceux qui ont une allergie prononcée pour les calculs dans les anneaux de fractions de remplacer les dits calculs (au moins dans certains cas) par des calculs analogues dans des anneaux de séries formelles. En particulier, on a le

Théorème 6.4.1 – *Soient C_1, C_2 deux courbes algébriques dans $\mathbb{C}^2$, d'équations respectives $f, g \in \mathbb{C}[X, Y]$. On a*

$$(C_1, C_2)_{(0,0)} = \dim_{\mathbb{C}} \mathbb{C}[[X, Y]]/(f \cdot g)\mathbb{C}[[X, Y]].$$

Démonstration. Le cas où f et g ont une composante en commun contenant $(0, 0)$ se traite directement. Nous pouvons donc supposer que cela ne se produit pas.

Soit $\varphi \in \mathbb{C}[X, Y]$ vérifiant $\varphi(0, 0) = 0$. L'hypothèse assure l'existence de $\psi \in \mathbb{C}[X, Y]$ vérifiant

(i) $\psi(0, 0) \neq 0$,

(ii) ψ s'annule en tous les points de $C_1 \cap C_2$ autres que $(0, 0)$.

En particulier, $\varphi\psi \in I(C_1 \cap C_2) = \mathrm{rad}(f, g) \subset \mathbb{C}[X, Y]$.

Exercice – En déduire que, si $\mathscr{M}$ désigne l'idéal maximal de l'anneau local $\mathscr{O}_{(0,0)}(\mathbb{C}^2)$, il existe un entier ν tel que $\mathscr{M}^\nu \subset (f, g)\mathscr{O}_{(0,0)}(\mathbb{C}^2)$. En particulier,

$$(C_1, C_2)_{(0,0)} = \dim_{\mathbb{C}} \mathscr{O}_{(0,0)}(\mathbb{C}^2)/(f, g)\mathscr{O}_{(0,0)}(\mathbb{C}^2) + \mathscr{M}^\nu.$$

De même, si $\mathscr{M}_1 = \mathscr{M} \cdot \mathbb{C}[[X, Y]]$ désigne l'idéal maximal de l'anneau local $\mathbb{C}[[X, Y]]$, ce qui précède montre que $\mathscr{M}_1{}^\nu \subset (f, g)\mathbb{C}[[X, Y]]$. L'égalité à démontrer équivaut donc à l'isomorphisme

$$\mathscr{O}_{(0,0)}(\mathbb{C}^2)/(f, g)\mathscr{O}_{(0,0)}(\mathbb{C}^2) + \mathscr{M}^\nu \cong \mathbb{C}[[X, Y]]/(f, g)\mathbb{C}[[X, Y]] + \mathscr{M}_1{}^\nu$$

qui est maintenant évident.

En démontrant le théorème 6.4.1, nous avons fait de la complétion sans le dire.

Définition 6.4.2 *– Soit A un anneau, $\mathcal{J}$ un idéal de A ; on appelle topologie $\mathcal{J}$-adique l'unique topologie sur A compatible avec sa structure d'anneau dont un système fondamental de voisinages de 0 soit l'ensemble des $\mathcal{J}^k, k \geqslant 0$. En particulier, un système fondamental de voisinages de $a \in A$ est l'ensemble des $a + \mathcal{J}^k, k \geqslant 0$.*

Dans le cas où A est un anneau local, $\mathcal{J}$ sera toujours l'idéal maximal $\mathcal{M}$ et on parlera de topologie $\mathcal{M}$-adique.

La topologie ainsi obtenue est séparée si et seulement si l'adhérence de 0, c'est-à-dire $\bigcap_{k \geqslant 0} \mathcal{J}^k$, est réduite à 0 ; elle est complète si et seulement si toute suite de Cauchy est convergente, ou encore (c'est équivalent) si pour toute famille $(a_k)_{k \geqslant 0}$ d'éléments de A vérifiant $a_k \in \mathcal{J}^k$ pour tout k, il existe $a \in A$ (noté $\sum_{k \geqslant 0} a_k$) tel que pour tout $p \geqslant 0$, on ait $a - \sum_{k < p} a_k \in \mathcal{J}^p$ (voir remarque 6.3.4).

Si A, muni de la topologie $\mathcal{J}$-adique, n'est pas séparé et complet, son séparé complété (au sens topologique) est canoniquement isomorphe (et sera identifié) à l'anneau

$$\hat{A} = \varprojlim_i (A/\mathcal{J}^i)(\text{limite projective})$$

défini ensemblistement de la manière suivante : un élément de $\hat{A}$ est une suite $(\hat{a}_0, \hat{a}_1, \ldots, \hat{a}_k, \ldots)$, où $\hat{a}_i \in A/\mathcal{J}^{i+1}$, telle que l'image de $\hat{a}_i$ par l'homomorphisme canonique de $A/\mathcal{J}^{i+1}$ dans $A/\mathcal{J}^i$ soit $\hat{a}_{i-1}$.

Muni de la topologie limite projective des topologies discrètes sur les $A/\mathcal{J}^i$, cet anneau est séparé et complet (on a fait tout ce qu'il faut pour que les suites de Cauchy soient convergentes) et l'application naturelle $i : A \to \hat{A}$ est continue. Remarquons que, si $\widehat{\mathcal{J}^k}$ désigne l'adhérence de $i(\mathcal{J}^k)$ dans $\hat{A}$, on a l'isomorphisme $A/\mathcal{J}^k \cong \hat{A}/\widehat{\mathcal{J}^k}$.

Exemples – 1. $A = K[X_1, \ldots, X_n]$, $\mathcal{J} = (X_1, \ldots, X_n)$, $\hat{A} = K[[X_1, \ldots, X_n]]$.

2. $A = \mathcal{O}_{(0,\ldots,0)}(K^n)$, $\mathcal{M} =$ idéal maximal, $\hat{A} = K[[X_1, \ldots, X_n]]$.

L'exemple (1) illustre le lemme suivant (exercice) :

Lemme 6.4.3 *– Si A est un anneau, $\mathcal{M}$ un idéal maximal de A, le séparé complété $\hat{A}$ de A pour sa topologie $\mathcal{M}$-adique est un anneau local dont l'idéal maximal est $\hat{\mathcal{M}}$.*

Enfin, lorsque $\mathcal{J}$ est un idéal de type fini (en particulier lorsque A est noethérien), on peut montrer que $\widehat{\mathcal{J}^k} = (\hat{\mathcal{J}})^k = \mathcal{J}^k \cdot \hat{A}$ (le produit est au sens de la structure de A-module sur $\hat{A}$ provenant de $i : A \to \hat{A}$) et que la topologie sur $\hat{A}$ coïncide avec la topologie $\hat{\mathcal{J}}$-adique. En particulier on a l'isomorphisme $A/\mathcal{J}^k \cong \hat{A}/\mathcal{J}^k \cdot \hat{A}$ qui nous a servi pour démontrer le théorème 6.4.1.

Références – Bourbaki : Algèbre commutative chapitre 3.

Atiyah–Mac Donald : Introduction to commutative algebra, chapitre 10.

Le théorème 6.4.1 nous permet de définir la multiplicité d'intersection en $(0,0)$ de deux courbes formelles C_1, C_2 (définies par $f, g \in \mathbb{C}[[X, Y]]$) comme étant la dimension sur $\mathbb{C}$ de $\mathbb{C}[[X, Y]]/(f, g)$, où (f, g) désigne l'idéal engendré par f et g dans $\mathbb{C}[[X, Y]]$.

Pour calculer cette dimension, on peut commencer par utiliser le théorème de Weierstrass : si $f = u \cdot P$, $g = v \cdot Q$, où $u, v \in \mathbb{C}[[X, Y]]$ sont des unités, et $P, Q \in \mathbb{C}[[X]][Y]$ des polynôme distingués, on a

$$(C_1, C_2)_{(0,0)} = \dim_{\mathbb{C}} \mathbb{C}[[X, Y]]/(P, Q)$$
$$= \dim_{\mathbb{C}} \mathbb{C}[[X]][Y]/(P, Q)$$
$$= \text{ordre de } R_{P,Q},$$

où $R_{P,Q} \in K[[X]]$ est le résultant des polynômes $P, Q \in K[[X]][Y]$ (conséquence de la proposition 5.2.3).

Anneaux de séries convergentes

Dans tout ce chapitre, on désignera par K l'un des deux corps $\mathbb{R}$ ou $\mathbb{C}$; si $Z \in K$, on note $|Z|$ sa norme (valeur absolue dans le cas réel, module dans le cas complexe). K est muni d'une structure d'espace métrique complet par la distance $d(Z, Z') = |Z - Z'|$. Pour qu'une suite $(Z_n)_{n \in \mathbb{N}}$ d'éléments de K ait une limite, il faut et il suffit que soit vérifié le *critère de Cauchy* :

$$\forall \varepsilon > 0, \exists p > 0, \text{ tel que } \forall n \geqslant p, \forall m \geqslant p, |Z_m - Z_n| \leqslant \varepsilon.$$

On en déduit classiquement que la convergence de $\Sigma |u_n|$ (convergence absolue) entraine la convergence de Σu_n.

Les rappels indispensables sur la convergence des séries et des séries de fonctions se trouvent dans « Cartan : Théorie élémentaire des fonctions analytiques » ; pour plus de détails, voir « Dieudonné : calcul infinitésimal ».

7.1 Séries entières convergentes a une indéterminée

Soit $f = \sum_{n \geqslant 0} a_n X^n \in K[[X]]$.

On cherche s'il existe $Z \in K$, $Z \neq 0$, tel que la série $\sum_{n \geqslant 0} a_n Z^n$ converge (la somme sera alors notée $f(Z)$).

On commence par considérer, pour chaque $r \geqslant 0 \in \mathbb{R}$, la série à termes réels positifs $\sum_{n \geqslant 0} |a_n| r^n$.

Définition 7.1.1 – 1. *Le rayon de convergence $\rho(f)$ de la série formelle f est la borne supérieure de l'ensemble*

$$\{r \in \mathbb{R}_+, \Sigma |a_n| r^n \text{ converge.} \}$$

2. *Le disque de convergence de f est l'ensemble ouvert*

$$\{Z \in K, |Z| < \rho(f)\}.$$

L'étude du comportement de f au point de vue de la convergence repose sur le

Lemme d'Abel 7.1.2 – *Supposons qu'il existe $r_0 > 0$ et $M > 0$ tels que*

$$\forall n \geqslant 0, \quad |a|_n\, r_0^n \leqslant M.$$

Alors, $\forall r, 0 < r < r_0$, la série de fonctions $\sum\limits_{n \geqslant 0} a_n Z^n$ converge normalement (et

donc uniformément) dans le disque fermé D_r défini par $|Z| \leqslant r$ $\Big($cela signifie que la

série $\sum\limits_{n \geqslant 0} \|a_n Z^n\|_{D_r}$ est convergente, où pour toute fonction $\varphi : K \to K$ on a posé

$\|\varphi\|_{D_r} = \operatorname*{Sup}\limits_{Z \in D_r} |\varphi(Z)|\Big).$

Démonstration. $\operatorname*{Sup}\limits_{|Z| \leqslant r} |a_n Z^n| = |a_n|\, r^n = |a_n|\, r_0^n \left(\frac{r}{r_0}\right)^n \leqslant M \left(\frac{r}{r_0}\right)^n.$

Si $r < r_0$, la série $\sum\limits_{n \geqslant 0} M \left(\frac{r}{r_0}\right)^n$ est convergente.   c.q.f.d.

Corollaire 7.1.3 – *Soit $f \in K[[X]]$ et soit ρ le rayon de convergence de f.*

1. *Si $r \in \mathbb{R}, 0 < r < \rho$, la série de fonctions $\sum\limits_{n \geqslant 0} a_n Z^n$ converge normalement*

sur le disque fermé D_r défini par $|Z| \leqslant r$.

2. *La série $\sum\limits_{n \geqslant 0} a_n Z^n$ diverge pour tout $Z \in K$ tel que $|Z| > \rho$.*

Démonstration. Pour (1), on considère r_0 avec $r < r_0 < \rho$; puisque $r_0 < \rho$, la série $\sum\limits_{n \geqslant 0} |a_n|\, r_0^n$ converge ; il existe donc M tel que $\forall n \geqslant 0, |a_n|\, r_0^n \geqslant M$, et on conclut par le lemme d'Abel.

Pour (2), on remarque que dès que $|Z| > \rho$ la suite $|a_n Z^n|$ n'est pas bornée : sinon on pourrait appliquer le lemme d'Abel pour montrer que le rayon de convergence est strictement supérieur à ρ.   c.q.f.d.

Remarque 7.1.4 – On peut montrer (Hadamard) que $\frac{1}{\rho} = \lim \sup(\sqrt[n]{|a_n|})_{n \in \mathbb{N}}$.

Exemples 7.1.5 – 1. $f = \sum\limits_{n \geqslant 0} n! X^n, \quad \rho(f) = 0.$

2. $f = \sum\limits_{n \geqslant 0} \frac{1}{n!} X^n, \qquad \rho(f) = \infty.$

3. $f = \sum\limits_{n \geqslant 0} n^\alpha X^n (\alpha \in \mathbb{R}), \rho(f) = 1$. Ces derniers exemples se distinguent entre eux suivant les valeurs de α par leur comportement sur le cercle de convergence (défini par $|Z| = 1$) :

(i) *Si $\alpha < -1$*, la série de fonctions $\sum\limits_{n \geqslant 0} n^\alpha Z^n$ converge normalement dans le disque *fermé* $|Z| \leqslant 1$; en effet on a $\operatorname*{Sup}\limits_{|Z| \leqslant 1} |n^\alpha Z^n| = n^\alpha$ et la série $\sum\limits_{n \geqslant 0} n^\alpha$ converge pour $\alpha < -1$.

(ii) *Si $\alpha \geqslant 0$*, la série $\sum n^\alpha Z^n$ ne converge en aucun point du cercle $|Z| = 1$ car son terme général ne tend pas vers 0.

(iii) *Si* $-1 \leqslant \alpha < 0$, *la série* $\sum_{n \geqslant 0} n^\alpha Z^n$ est divergente pour $Z = 1$ et convergente pour $Z = e^{i\theta}, \theta \neq 2k\pi$.

Pour montrer cela, nous utiliserons la proposition suivante due à Abel :

Proposition 7.1.6 – *Soient* $(a_n)_{n \geqslant 0}$ *et* $(b_n)_{n \geqslant 0}$ *deux suites d'éléments de* K.

On suppose que les sommes partielles $\sigma_n = a_0 + a_1 + \cdots + a_n$ *sont bornées (c'est-à-dire qu'il existe* $M > 0$ *avec* $\forall n \geqslant 0, |\sigma_n| \leqslant M$) *et que la suite* (b_n) *est une suite décroissante et tendant vers 0 de réels positifs. Alors la série* $\sum_{n \geqslant 0} a_n b_n$ *est convergente.*

Démonstration. D'après le critère de Cauchy, il suffit de montrer que

$$\forall \varepsilon > 0, \ \exists p > 0 \text{ tel que } \forall n, \forall m, n \geqslant m \geqslant p, |a_m b_m + \cdots + a_n b_n| \leqslant \varepsilon.$$

On écrit $a_m b_m + \cdots + a_n b_n$ sous la forme (intégration par parties déguisée) :

$$
\begin{aligned}
&(a_0 + \cdots + a_m)\, b_m &&- (a_0 + \cdots + a_{m-1})\, b_m \\
+ &(a_0 + \cdots + a_{m+1})\, b_{m+1} &&- (a_0 + \ldots + a_m)\, b_{m+1} \\
&\text{- -} \\
+ &(a_0 + \cdots + a_n)\, b_n &&- (a_0 + \ldots + a_{n-1})\, b_n,
\end{aligned}
$$

c'est-à-dire :

$$a_m b_m + \cdots + a_n b_n = -\sigma_{m-1} b_m + \sum_{k=m}^{n-1} \sigma_k (b_k - b_{k+1}) + \sigma_n b_n,$$

donc $\quad |a_m b_m + \cdots + a_n b_n| \leqslant M b_m + M \sum_{k=m}^{n-1} (b_k - b_{k+1}) + M b_n,$

donc $\quad |a_m b_m + \cdots + a_n b_n| \leqslant M(b_m + (b_m - b_n) + b_n) = 2M b_m.$

Il n'y a plus qu'à choisir p tel que $m \geqslant p \Rightarrow b_m \leqslant \frac{\varepsilon}{2M}$.   c.q.f.d.

Dans l'exemple considéré, on prend $a_n = e^{in\theta} (\theta \neq 2k\pi)$ et $b_n = n^\alpha (\alpha < 0)$. On a $\sigma_n = \frac{1 - e^{i(n+1)\theta}}{1 - e^{i\theta}}$, donc $|\sigma_n| \leqslant \frac{2}{|1 - e^{i\theta}|}$.

Remarque 7.1.7 – On trouve des exemples de comportement de f sur son cercle de convergence dans la thèse d'Hadamard (1892) : « Essai sur l'étude des fonctions données par leur développement de Taylor ».

Par exemple, la série $1 + bX^c + \cdots + b^\nu X^{c^\nu} + \cdots$ (qui remonte à Weierstrass) est divergente en tous les points d'un sous-ensemble dense de son cercle de convergence (qui est le cercle de rayon 1). On pourra aussi consulter E. Borel : leçons sur les fonctions monogènes uniformes d'une variable complexe. Gauthier-Villars 1917.

Lemme 7.1.8 – *Le sous-ensemble* $K\{X\}$ *de* $K[[X]]$, *formé des séries formelles dont le rayon de convergence est non nul, est un sous-anneau de* $K[[X]]$ *appellé l'anneau des séries (entières) convergentes à une indéterminée à coefficients dans* K.

Démonstration. Si $f \in K[[X]]$, son rayon de convergence est le même que celui de $-f$; si f et $g \in K[[X]]$ ont un rayon de convergence $\geqslant \rho$, on montre facilement qu'il en est de même de $f + g$ et de $f \cdot g$ (voir Cartan p. 21).   c.q.f.d.

Complément 7.1.9 – si $\rho(f) \geqslant \rho$, $\rho(g) \geqslant \rho$, et si $|Z| < \rho$, on a

$$(f + g)(Z) = f(Z) + g(Z), \quad (f \cdot g)(Z) = f(Z) \cdot g(Z).$$

Proposition 7.1.10 – *Les éléments inversibles de $K\{X\}$ sont exactement les éléments de $K\{X\}$ inversibles dans $K[[X]]$. En particulier, $K\{X\}$ est un anneau local dont l'idéal maximal est l'ensemble $\mathcal{M} = \{f \in K\{X\}, f(0) = 0\}$.*

Démonstration. C'est un corollaire immédiat de la

Proposition 7.1.11 – *Soient* $h = \sum\limits_{m \geqslant 0} a_m Y^m \in K\{Y\}$, $\varphi = \sum\limits_{n \geqslant 0} u_n X^n \in K\{X\}$ *tel que* $\varphi(0) = u_0 = 0$. *Alors* $h \circ \varphi \in K\{X\}$.

Complément – *il existe* $r > 0$ *tel que* $\sum\limits_{n \geqslant 0} |u_n|\, r^n < \rho(h)$; *on a alors* $\rho(h \circ \varphi) \geqslant r$ *et pour tout* $Z \in K$ *tel que* $|Z| \leqslant r$, *on a* $|\varphi(Z)| < \rho(h)$ *et* $h(\varphi(Z)) = (h \circ \varphi)(Z)$.

Puisque $\rho(\varphi) > 0$, il existe $r > 0$ tel que $\sum\limits_{n \geqslant 0} |u_n|\, r^n = \sum\limits_{n \geqslant 0} |u_n|\, r^n < +\infty$.

Mais $\sum\limits_{n \geqslant 1} |u_n|\, r^n = r\left(\sum\limits_{n \geqslant 1} |u_n| r^{n-1} \right)$ tend vers 0 avec r. Il existe donc $r > 0$ tel que

$\sum\limits_{n \geqslant 0} |u_n|\, r^n < \rho(h)$, ce qui entraine $\sum\limits_{n \geqslant 0} |a_m| \left(\sum\limits_{n \geqslant 0} |u_n| r^n \right)^m < +\infty$.

Posons $h \circ \varphi = \sum\limits_{p \geqslant 0} C_p X^P \in K[[X]]$; il est clair que

$$\sum\limits_{p \geqslant 0} |C_p|\, r^p \leqslant \sum\limits_{m \geqslant 0} |a_m| \left(\sum\limits_{n \geqslant 0} |u_n|\, r^n \right)^m < +\infty,$$

ce qui montre que $h \circ \varphi \in K\{X\}$.

La vérification du complément ne présente pas de difficulté supplémentaire (voir Cartan page 23).

Remarques 7.1.12 – 1. Lire dans (Cartan pages 24, 25, 26) la relation entre la convergence d'une série entière et celle de la série dérivée (au sens formel).

2. Les inclusions dans le diagramme ci-dessous sont toutes strictes :

$$K[X] \overset{i_1}{\hookrightarrow} \mathcal{O}_0(K) \overset{i_2}{\hookrightarrow} K\{X\} \overset{i_3}{\hookrightarrow} K[[X]].$$

Pour i_1 et i_3 c'est évident $\left(\frac{1}{1-X} \notin K[X] \text{ et } \sum_{n \geqslant 0} n!\, X^n \notin K\{X\} \right)$, pour i_2 c'est un peu plus subtil (cf. appendice sur les déterminants de Hankel; par exemple, $\sum_{n \geqslant 0} \frac{1}{n!} X^n \notin \mathscr{O}_0(K)$.

Rappelons que $K[[X]]$, $K\{X\}$, et $\mathscr{O}_0(K)$ sont des anneaux locaux séparés, mais seul $K[[X]]$ est complet puisque i_3 est une inclusion stricte !

7.2 Séries entières convergentes à plusieurs indéterminées

Nous commencerons par quelques rappels sur les séries multiples dans $K = \mathbb{R}$ ou $\mathbb{C}$, i.e. les séries de la forme $\sum_{(i_1,\dots,i_n)} u_{i_1\dots i_n}$ ou $(i_1,\dots,i_n) \in \mathbb{N}^n$ et $u_{i_1\dots i_n} \in K$.

Plus généralement, considérons des séries de la forme $\sum_{i \in I} u_i$ indexées par un ensemble *dénombrable* I.

Définition 7.2.1 – *La famille* $(u_i)_{i \in I}$ *d'éléments de* K *est dite sommable et de somme* $S \in K$ *si* $\forall \varepsilon > 0, \exists J_0 \subset I, J_0$ *fini, tel que* $\forall J$ *fini avec* $J_0 \subset J \subset I$, *on ait* $\left| \sum_{i \in J} u_i - S \right| \leqslant \varepsilon.$

Comme dans le cas classique, le caractère complet de $\mathbb{R}$ ou $\mathbb{C}$ fournit le *Critère de Cauchy* : la famille $(u_i)_{i \in I}$ est sommable si et seulement si $\forall \varepsilon > 0, \exists J_0$ *fini* tel que $\forall T$ *fini* vérifiant $T \cap J_0 = \phi$, on ait $\left| \sum_{i \in T} u_i \right| \leqslant \varepsilon$.

Définition 7.2.2 – *La série* $\sum_{i \in I} u_i$ *est commutativement convergente de somme* $S \in K$ *si pour toute bijection* π *de* $\mathbb{N}$ *sur* I, *la série* $\sum_{n=0}^{\infty} V_n$ *est convergente de somme* S, *où* $V_n = u_{\pi(n)}$.

Théorème 7.2.3 – *La famille* $(u_i)_{i \in I}$ *est sommable si et seulement si la série* $\sum_{i \in I} u_i$ *est commutativement convergente.*

Démonstration (esquisse). Que sommable implique commutativement convergente est évident; pour la réciproque, on suppose $(u_i)_{i \in I}$ non sommable; on en déduit une partition de $\mathbb{N}$ en sous-ensembles finis $K_\ell (\ell \in \mathbb{N})$ tels que $\left| \sum_{i \in K_\ell} u_i \right| \geqslant \varepsilon$ *pour une infinité de* ℓ (utiliser le critère de Cauchy). On en déduit une bijection $\pi : \mathbb{N} \to I$ pour laquelle la série $\sum_{n=0}^{\infty} u_{\pi(n)}$ n'est pas convergente. c.q.f.d.

7.2.4 Cas des séries à termes réels $\geqslant 0$ – Soit S la borne supérieure de l'ensemble des $\sum\limits_{i \in J} u_i$, J fini, $J \subset I$. Seules subsistent deux possibilités :

1. Ou bien $S = +\infty$ et la série est (commutativement) divergente ;
2. Ou bien $S < +\infty$, et la série est (commutativement) convergente de somme S.

On parlera simplement de série convergente ou divergente suivant le cas.

Définition 7.2.5 – *La série $\sum\limits_{i \in I} u_i$ d'éléments de K est dite absolument convergente si la série $\sum\limits_{i \in I} |u_i|$ à termes réels $\geqslant 0$ est convergente.*

Théorème 7.2.6 – *Soit I un ensemble dénombrable, $(u_i)_{i \in I}$ une famille d'éléments de K indexée par I. La série $\sum\limits_{i \in I} u_i$ est commutativement convergente si et seulement si elle est absolument convergente.*

Démonstration. 1. La convergence absolue entraine la convergence commutative : puisque $\sum\limits_{i \in I} |u_i|$ est automatiquement commutativement convergente, la série $\sum\limits_{n=0}^{\infty} |u_{\pi(n)}|$ est convergente pour toute bijection π de $\mathbb{N}$ sur I. On déduit du critère de Cauchy que la série $\sum\limits_{n=0}^{\infty} u_{\pi(n)}$ est convergente. Il reste à voir que la somme S est indépendante de la bijection π choisie, ce qui est facile.

2. La convergence commutative entraine la convergence absolue : on commence par le cas où $K = \mathbb{R}$; choisissons une bijection avec laquelle nous identifions I à $\mathbb{N}$, ce qui nous permet d'écrire la série considérée $\sum\limits_{n=0}^{\infty} u_n$. Nous allons montrer que cette série ne peut être commutativement convergente que si la série partielle des termes positifs et la série partielle des termes négatifs sont convergentes, ce qui entraine la convergence absolue. En effet, supposons par exemple, que la série partielle des termes positifs soit divergente et réordonnons la série de la façon suivante : on commence par prendre dans l'ordre les premiers termes positifs jusqu'à ce que leur somme soit supérieure à 1 ; on prend alors le premier terme négatif ; on prend ensuite les termes positifs suivants jusqu'à ce que la somme de la série partielle obtenue soit supérieure à 2, ce qui est rendu possible par l'hypothèse, etc. ...on voit que la série obtenue est divergente.   c.q.f.d.

Dans le cas où $K = \mathbb{C}$, on utilise les implications suivantes : la convergence commutative de $\sum\limits_{i \in I} u_i$ implique celle de $\sum_{i \in I} \operatorname{Re}(u_i)$ et $\sum\limits_{i \in I} \operatorname{Im}(u_i)$. On déduit du cas réel que $\sum_{i \in I} \operatorname{Re}(u_i)$ et $\sum\limits_{i \in I} \operatorname{Im}(u_i)$ convergent absolument. On en déduit que $\sum_{i \in I} (u_i)$ converge absolument puisque $|u_i| \leqslant |\operatorname{Re}(u_i)| + |\operatorname{Im}(u_i)|$.   c.q.f.d.

Théorème 7.2.7 – **(sommation par paquets d'une série commutativement convergente)** – *Soit I un ensemble dénombrable et $I = \bigcup\limits_{\alpha \in A} I_\alpha$ une partition de I. Si $\sum\limits_{i \in I} u_i$ est commutativement convergente, il en est de même de chacune des séries* *partielles* $\sum_{i \in I_\alpha} u_i$. *Soit S la somme de* $\sum_{i \in I} u_i$, *S_α la somme de* $\sum_{i \in I_\alpha} u_i$; *la série* $\sum_{\alpha \in A} S_\alpha$ *est commutativement convergente et sa somme est S, ce qu'on écrit*

$$\sum_{i \in I} u_i = \sum_{\alpha \in A} \left(\sum_{i \in I_\alpha} u_i \right).$$

Démonstration. D'après le théorème précédent on a $\sum_{i \in I} |u_i| < +\infty$, donc pour tout $\alpha \in A$, $\sum_{i \in I_\alpha} |u_i| < +\infty$, ce qui montre que les séries $\sum_{i \in I_\alpha} u_i$ sont absolument et donc commutativement convergentes. On montre ensuite que $\forall \alpha \in A, |S_\alpha| \leqslant \sum_{i \in I_\alpha} |u_i|$ (continuité de la norme), d'où on déduit que $\sum_{\alpha \in A} |S_\alpha| \leqslant \sum_{i \in I} |u_i| < +\infty$ ce qui prouve que la série $\sum_{\alpha \in A} S_\alpha$ est absolument et donc commutativement convergente. Il reste, par un argument standard, à montrer que $S = \sum_{\alpha \in A} S_\alpha$. c.q.f.d.

Remarque importante 7.2.8 – Lorsque les u_i sont des réels $\geqslant 0$, la condition que $\sum_{\alpha \in A} \left(\sum_{i \in I_\alpha} u_i \right) < +\infty$ entraine la convergence de la série $\sum_{i \in I} u_i$ et donc l'égalité assurée par le théorème. Dans le cas général, la convergence commutative des $\sum_{i \in I_\alpha} u_i$ et de $\sum_{\alpha \in A} \left(\sum_{i \in I_\alpha} u_i \right)$ n'entraine pas celle de $\sum_{i \in I} u_i$! ! !

Revenons maintenant aux séries entières :

Soit $f = \sum_{i_1, \ldots, i_n} a_{i_1 \ldots i_n} x_1^{i_1} \ldots x_n^{i_n} \in K[[X_1, \ldots, X_n]]$.

Si $r_1, \ldots, r_n$ sont des réels $\geqslant 0$, on pose

$$|f|(r_1, \ldots, r_n) = \sum_{i_1 \ldots i_n} |a_{i_1 \ldots i_n}| \, r_1^{i_1} \ldots r_n^{i_n} \quad \text{(fini ou } +\infty\text{)}.$$

Soit $\Omega \subset \mathbb{R}^n$ l'ensemble défini par

$$\Omega = \{(r_1, \ldots, r_n) \in \mathbb{R}^n \; ; \; r_1 \geqslant 0, \ldots, r_n \geqslant 0, |f|(r_1, \ldots, r_n) \text{ converge}\}$$

Le sens auquel la série $|f|(r_1, \ldots, r_n)$ doit converger n'est pas ambigu, puisque ses termes sont des réels positifs.

Définition 7.2.9 – *Le domaine[1] de convergence D_f de f est la partie de K^n définie par*

$$D_f = \{(Z_1, \ldots, Z_n) \in K^n, (|Z_1|, \ldots, |Z_n|) \in \text{intérieur de } \Omega\}.$$

---

[1]La terminologie diffère ici de celle de Cartan.

ATTENTION ! Il s'agit de l'intérieur de Ω considéré comme sous-espace du quadrant $\{(r_1, \ldots, r_n) \in \mathbb{R}^n \; ; \; r_1 \geqslant 0, \ldots, r_n \geqslant 0\}$.

Comme dans le cas à une indéterminée, l'étude du comportement de f au point de vue de la convergence repose sur le

Lemme d'Abel 7.2.10 – *Supposons qu'il existe $s_1 > 0, \ldots, s_n > 0$, $M > 0$ tels que*

$$\forall i_1, \ldots, i_n \geqslant 0, \; |a_{i_1 \ldots i_n}| s_1^{i_1} \ldots s_n^{i_n} \leqslant M.$$

Alors, si $r_1, \ldots, r_n$ vérifient $0 < r_1 < s_1, \ldots, 0 < r_n < s_n$, la série de fonctions $\sum\limits_{i_1, \ldots, i_n} a_{i_1 \ldots i_n} Z_1^{i_1} \ldots Z_n^{i_n}$ converge normalement (et donc uniformément) dans le sous-ensemble fermé $D_{r_1 \ldots r_n}$ de K^n (polycylindre) défini par $|Z_1| \leqslant r_1, \ldots, |Z_n| \leqslant r_n$.

La démonstration est la même qu'à une indéterminée.

Corollaire 7.2.11 – *Soit $f \in K[[X_1, \ldots, X_n]]$ et soit D_f le domaine de convergence de f.*

1. Si $(Z_1', \ldots, Z_n') \in D_f$, la série de fonctions $f(Z_1, \ldots, Z_n)$ converge normalement sur le polycylindre défini par $|Z_1| \leqslant |Z_1'|, \ldots, |Z_n| \leqslant |Z_n'|$.

2. Si $(Z_1, \ldots Z_n)$ n'appartient pas à l'adhérence de D_f, la série $f(Z_1, \ldots, Z_n)$ est divergente.

Remarque 7.2.12 – Pour chaque n-uple $(Z_1, \ldots, Z_n) \in D_f$, la série $f(Z_1, \ldots, Z_n)$ est en particulier absolument convergente, c'est-à-dire commutativement convergente. On peut donc se permettre des opérations telles que la sommation par paquets. De plus on a $f(Z_1, \ldots, Z_n) \leqslant |f|(|Z_1|, \ldots, |Z_n|)$.

Lemme 7.2.13 – *Le sous-ensemble $K\{X_1, \ldots, X_n\}$ de $K[[X_1, \ldots, X_n]]$ formé des séries formelles dont le domaine de convergence est non vide est un sous-anneau de $K[[X_1, \ldots, X_n]]$ (anneau des séries (entières) convergentes à n indéterminées à coefficients dans K).*

La démonstration est un exercice. Comme pour $n = 1$, on a une interprétation fonctionnelle des opérations dans $K\{X_1, \ldots, X_n\}$.

Remarquons que $f \in K\{X_1, \ldots, X_n\}$ si et seulement s'il existe des nombres réels $r_1 > 0, \ldots, r_n > 0$ tels que $|f|(r_1, \ldots, r_n) < +\infty$.

Remarque 7.2.14 – Du théorème de sommation par paquets et de la remarque qui suit, on déduit un isomorphisme canonique

$$K\{X_1, \ldots, X_n\} \cong K\{X_1, \ldots, X_{n-1}\}\{X_n\}.$$

Proposition 7.2.15 – *Les éléments inversibles de $K\{X_1, \ldots, X_n\}$ sont exactement les éléments de $K\{X_1, \ldots, X_n\}$ inversibles dans $K[[X_1, \ldots, X_n]]$.*

En particulier, $K\{X_1, \ldots, X_n\}$ est un anneau local dont l'idéal maximal est l'ensemble $\mathscr{M} = \{f \in K\{X_1, \ldots, X_n\}, f(0, \ldots, 0) = 0\}$.

La démonstration découle de la convergence de $h \circ \varphi$ lorsque $h \in K\{Y\}$ et $\varphi \in \mathscr{M} \subset K\{X_1, \ldots, X_n\}$, convergence qui se montre comme dans le cas $n = 1$.

7.3 La méthode des séries majorantes

Définition 7.3.1 – *Soit $f = \sum\limits_{i_1,\ldots,i_n} a_{i_1\ldots i_n} X_1^{i_1} \ldots X_n^{i_n} \in K[[X_1,\ldots,X_n]]$. On dit que la série (à coefficients réels ≥ 0) $\sum\limits_{i_1\ldots i_n} \alpha_{i_1\ldots i_n} X_1^{i_1} \ldots X_n^{i_n}$ est une série majorante de f si quels que soient $i_1, \ldots, i_n$, on a $\alpha_{i_1\ldots i_n} \geq |a_{i_1\ldots i_n}|$.*

Il est clair que la convergence d'une série majorante entraine la convergence de f.

La meilleure série majorante est évidemment $\sum\limits_{i_1,\ldots,i_n} |a_{i_1\ldots i_n}| X_1^{i_1} \ldots X_n^{i_n}$ mais toute l'astuce sera quelques fois d'en choisir une autre, moins bonne, mais se prêtant mieux aux calculs. L'exemple qui suit est très simple et fait comprendre comment on utilise cette notion :

Nous allons montrer la convergence dans le théorème des fonctions implicites : on considère $f \in K\{X, Y\}$ telle que $f(0,0) = 0$ et $\frac{\partial f}{\partial Y}(0,0) \neq 0$; pour montrer l'existence de $\varphi \in K[[X]]$ telle que $f(X, \varphi(X)) = 0$, on commence classiquement par se ramener à une équation de la forme $\varphi(X) = g(X) + h(X, \varphi(X))$ avec $g \in \mathcal{M} \subset K(X)$ et $h \in \mathcal{M}^2 \subset K\{X, Y\}$ (comparer à la démonstration du théorème des fonctions inverses lors de l'étude des automorphismes de $K[[X_1, \ldots, X_n]]$).

On pose $\varphi(X) = \sum\limits_{i=1}^{\infty} b_i X^i$, $\varphi_m(X) = \sum\limits_{i=1}^{m} b_i X^i$, $g(X) + h(X, Y) = \sum\limits_{i,j} a_{ij} X^i Y^j$ ($a_{00} = a_{01} = 0$) ; on voit par récurrence que $b_m X^m$ est la partie homogène de degré m de $g(X) + h(X, \varphi_{m-1}(X))$, c'est-à-dire

$$b_m = P_m(b_1, b_2, \ldots, b_{m-1}, (a_{ij})_{i+j \leq m}),$$

où P_m est un polynôme à coefficients *entiers* ≥ 0.

En conséquence, si on remplace les a_{ij} par des *réels* $A_{ij} \geq 0$ vérifiant pour tout (i, j) l'inégalité $A_{ij} \geq |a_{ij}|$, les formules

$$B_m = P_m(B_1, B_2, \ldots, B_{m-1}, (A_{ij})_{i+j \leq m})$$

définissent des réels $B_m \geq 0$ qui vérifient (par récurrence)

$$B_m \geq |b_m| \quad \text{pour tout } m.$$

Autrement dit, si on remplace la série $g(X) + h(X, Y)$ par une série majorante, la série $\varphi(X)$ est remplacée par une série majorante.

Si le rayon de convergence de cette dernière est non nul, il en sera de même du rayon de convergence de $\varphi(X)$.

Choix de la majorante : puisque $g(X) + h(X, Y) = \sum\limits_{i,j} a_{ij} X^i Y^j \in K\{X, Y\}$, il existe $r_1 > 0$ et $r_2 > 0$ tels que $\sum\limits_{i,j} |a_{ij}| r_1^i r_2^j = M < +\infty$; en particulier, quels que soient i, j on a $|a_{ij}| \leq \frac{M}{r_1^i r_2^j}$; de plus $a_{00} = a_{01} = 0$.

On peut donc prendre $A_{ij} = \frac{M}{r_1^i r_2^j}$ si $(i, j) \neq (0, 0)$ et $(i, j) \neq (0, 1)$, $A_{00} = A_{01} = 0$, c'est-à-dire

$$\sum_{i,j} A_{ij} X^i Y^j = \frac{M}{\left(1 - \frac{X}{r_1}\right)\left(1 - \frac{Y}{r_2}\right)} - M - M\frac{Y}{r_2}.$$

La série $\psi(X) \in \mathcal{M} \subset \mathbb{R}[[X]]$ qui vérifie $\psi(X) = \sum_{i,j} A_{ij} X^i \psi(X)^j$ est obtenue en développant en série entière l'unique solution $y = y(x)$ définie pour x voisin de 0 et s'annulant pour $x = 0$ de l'équation du second degré

$$y = \frac{M}{\left(1 - \frac{x}{r_1}\right)\left(1 - \frac{y}{r_2}\right)} - M - M\frac{y}{r_2}, \quad \text{c'est-à-dire}$$

$$\frac{y}{r_2} = \frac{1 - \sqrt{1 - 4\frac{M}{r_2}\left(\frac{M}{r_2} + 1\right)\frac{x}{r_1 - x}}}{2\left(\frac{M}{r_2} + 1\right)}.$$

On en déduit que $\psi(X) \in \mathbb{R}\{X\}$ et donc que $\varphi(X) \in K\{X\}$.   c.q.f.d.

Il est facile de déduire de ce résultat la convergence dans le théorème de préparation lorsque $p = 1$; il suffit de considérer $F(X, Z) = f(X, Z + \varphi(X))$. Définie par substitution, $F(X, Z) \in K\{X, Z\}$ et $F(X, 0) = 0$. Il existe donc $G(X, Z) \in K\{X, Z\}$ tel que $F(X, Z) = Z G(X, Z)$. Si $Q(X, Y) \in K\{X, Y\}$ est défini par $Q(X, Y) = G(X, Y - \varphi(X))$, on a $Q(0, 0) = G(0, 0) = \frac{\partial F}{\partial Z}(0, 0) = \frac{\partial f}{\partial Z}(0, 0) \neq 0$ et finalement $f(X, Y) = (Y - \varphi(X))Q(X, Y)$ (identité dans $K\{X, Y\}$).   c.q.f.d.

Montrons maintenant, de façon directe, la convergence dans le théorème de division (et donc dans le théorème de préparation) pour un p quelconque, mais avec seulement deux indéterminées.

Théoreme de division (convergent) 7.3.3 *– Soit $f(X, Y) = \sum_{i \geqslant 0} a_i(X)Y^i$ une série entière convergente : $f \in K\{X\}\{Y\} \cong K\{X, Y\}$. On suppose que $a_0(0) = a_1(0) = \ldots = a_{p-1}(0) = 0, a_p(0) \neq 0$. Si $g \in K\{X, Y\}$, il existe Q, R uniquement déterminés tels que*

$$g(X, Y) = Q(X, Y) \cdot f(X, Y) + R(X, Y), \quad avec$$

$$Q(X, Y) \in K\{X, Y\} \text{ et } R(X, Y) = \sum_{i=0}^{p-1} R_i(X)Y^i, R_i(X) \in K\{X\}.$$

Démonstration. Tout revient à montrer la convergence de la série formelle Q donnée par le théorème de division formel (celle de R en découle trivialement). D'autre part, il est clair qu'on peut supposer que $f(X, Y) = Y^p + h(X, Y)$, où $h(X, Y) \in K\{X, Y\}$ et $h(0, Y) = 0$. D'après l'hypothèse, il existe $r_1 > 0$ et $r_2 > 0$ tels que $|g|(r_1, r_2) < +\infty$

et $|h|(r_1, r_2) < +\infty$. Conservons les notations de la démonstration du théorème formel ;

$$Q(X, Y) \text{ est défini par } Q(X, Y) = \sum_{k \geqslant 0} Q_k(X, Y), \text{ avec}$$

$$Q_k(X, Y) = \sum_{i \geqslant 0} \theta_{k,i}(X) Y^i,$$

$$\theta_{0,i}(X) = g_{i+p}(X) \text{ (si } g(X, Y) = \sum_{i \geqslant 0} g_i(X) Y^i),$$

$$\theta_{k,i}(X) = - \sum_{j+\ell=p+i} \theta_{k-1,j}(X) h_\ell(X).$$

On en déduit les majorations

$$|\theta_{0,i}|(r_1) \leqslant \frac{|g|(r_1, r_2)}{r_2^{p+i}},$$

$$|\theta_{1,i}|(r_1) \leqslant \sum_{j+\ell=p+i} \frac{|g|(r_1, r_2)}{r_2^{p+j}} |h_\ell|(r_1)$$

$$\leqslant \left(\sum_{0 \leqslant j \leqslant p+i} \frac{1}{r_2^{p+j}} |g|(r_1, r_2) \right) \left(\sum_{0 \leqslant \ell \leqslant p+i} |h_\ell|(r_1) \right)$$

$$\leqslant \frac{|g|(r_1, r_2)}{r_2^{p+i}} \cdot \frac{1}{r_2^p (1 - r_2)} \sum_{0 \leqslant \ell \leqslant p+i} |h_\ell|(r_1),$$

à condition que $r_2 < 1$.

Remarquons que par un changement de variables $(X, Y) \mapsto (\lambda X, \lambda Y)$, on peut supposer que $|h|(1, 1) < +\infty$. On en déduit, si $r_1 < 1$ et $r_2 < 1$,

$$|\theta_{1,i}|(r_1) \leqslant \frac{|g|(r_1, r_2)}{r_2^{p+i}} \frac{1}{r_2^p (1 - r_2)} |h|(r_1, 1)$$

$$\leqslant \frac{|g|(r_1, r_2)}{r_2^{p+i}} \cdot \frac{r_1}{r_2^p (1 - r_2)} |h|(1, 1)$$

(cette dernière inégalité est valable car $h(0, Y) = 0$ et $r_1 < 1$). On voit alors facilement par récurrence que, pour tout $k \geqslant 0$,

$$|\theta_{k,i}|(r_1) \leqslant \frac{|g|(r_1, r_2)}{r_2^{p+i}} \cdot \left(\frac{r_1}{r_2^p (1 - r_2)} |h|(1, 1) \right)^k \text{ et donc}$$

$$|\theta_i|(r_1) \leqslant \sum_{k \geqslant 0} |\theta_{k,i}|(r_1) \leqslant \frac{|g|(r_1, r_2)}{r_2^{p+i}} \cdot \left[1 - \frac{r_1}{r_2^p (1 - r_2)} |h|(1, 1) \right]^{-1},$$

à condition que $r_1|h|(1, 1) < r_2^p(1-r_2)$, ce qui peut toujours être réalisé en diminuant éventuellement r_1. Finalement, on a

$$|Q|(r_1, r_2') = \sum_{i \geqslant 0} |\theta_i|(r_1) r_2'^i, \text{ et dès que } r_2' < r_2,$$

$$|Q|(r_1, r_2') \leqslant \frac{|g|(r_1, r_2)}{r_2^p} \cdot \left[1 - \frac{r_2'}{r_2}\right]^{-1} \cdot \left[1 - \frac{r_1}{r_2^p(1-r_2)}|h|(1, 1)\right]^{-1} < +\infty.$$

On en déduit que $Q(X, Y) \in K\{X, Y\}$.   c.q.f.d.

7.4 Le théorème des fonctions implicites et le théorème de préparation pour les séries convergentes à plusieurs indéterminées

Ayant vu au paragraphe précédent la démonstration de ces théorèmes dans le cas des courbes planes, nous pouvons maintenant les démontrer en toute généralité par la même méthode.

Théoreme des fonctions implicites 7.4.1 – *Soient $G_1, \ldots, G_n$ des éléments de l'idéal maximal de $K\{Y_1, \ldots, Y_n, X_1, \ldots, X_p\}$. On suppose que le déterminant jacobien*

$$\Delta = \det \begin{pmatrix} \frac{\partial G_1}{\partial Y_1}(0, \ldots, 0) \ldots \frac{\partial G_1}{\partial Y_n}(0, \ldots, 0) \\ \frac{\partial G_2}{\partial Y_1}(0, \ldots, 0) \ldots \frac{\partial G_2}{\partial Y_n}(0, \ldots, 0) \\ \text{------------------} \\ \frac{\partial G_n}{\partial Y_1}(0, \ldots, 0) \ldots \frac{\partial G_n}{\partial Y_n}(0, \ldots, 0) \end{pmatrix} \in K$$

est différent de 0. Il existe alors un système et un seul de n éléments $\alpha_1, \ldots, \alpha_n$ de l'idéal maximal de $K\{X_1, \ldots, X_p\}$ tel que

$$\forall 1 \leqslant i \leqslant n, G_i(\alpha_1(X_1, \ldots, X_p), \ldots, \alpha_n(X_1, \ldots, X_p), X_1, \ldots, X_p) = 0$$

dans l'anneau $K\{X_1, \ldots, X_p\}$.

Remarque 7.4.2 – Dans le cas formel nous aurions pu énoncer ce théorème ; nous nous sommes contentés du théorème de la fonction inverse mais la différence est illusoire car les deux théorèmes sont équivalents (la démonstration que nous avons donnée s'applique d'ailleurs mot pour mot à l'énoncé ci-dessus).

En particulier, on sait donc caractériser les automorphismes au-dessus de K de l'anneau $K\{X_1, \ldots, X_n\}$.

Théorème de division 7.4.3 – *Soit $f(X_1, \ldots, X_n) = \sum_{i_1, \ldots, i_n} a_{i_1 \ldots i_n} X_1^{i_1} \ldots X_n^{i_n}$ un élément de $K\{X_1, \ldots, X_n\}$. On suppose qu'il existe un entier p tel que*

$$a_{0 \ldots 0i} = 0 \quad si \quad i < p \text{ et } a_{0 \ldots 0p} \neq 0.$$

Si $g(X_1, \ldots, X_n) \in K\{X_1, \ldots, X_n\}$, il existe Q, R uniquement déterminés tels que

$$g(X_1, \ldots, X_n) = Q(X_1, \ldots, X_n) \cdot f(X_1, \ldots, X_n) + R(X_1, \ldots, X_n)$$

avec $Q(X_1, \ldots, X_n) \in K\{X_1, \ldots, X_n\}$ et

$$R(X_1, \ldots, X_n) = \sum_{i=0}^{p-1} R_i(X_1, \ldots, X_{n-1}) X_n^i,$$

$$R_i(X_1, \ldots, X_{n-1}) \in K\{X_1, \ldots, X_{n-1}\}.$$

Corollaire (Théorème de préparation) 7.4.4 – *Si f vérifie les hypothèses du théorème de division, il existe une unité $U(X_1, \ldots, X_n) \in K\{X_1, \ldots, X_n\}$ et des éléments $\alpha_i(X_1, \ldots, X_n)$ dans l'idéal maximal de $K\{X_1, \ldots, X_{n-1}\}$, uniquement déterminés par f, tels que*

$$f(X_1, \ldots, X_n) = U(X_1, \ldots, X_n) \left[X_n^p + \sum_{i=0}^{p-1} \alpha_i(X_1, \ldots, X_{n-1}) x_n^i \right].$$

Corollaire 7.4.5 – *$K\{X_1, \ldots, X_n\}$ est un anneau factoriel et noethérien (principal si $n = 1$).*

Démonstration de la convergence dans le théorème des fonctions implicites.
Comme toujours, on commence par mettre les équations sous la forme

$$Y_i = \sum_{\substack{i_1, \ldots, i_p \\ j_1, \ldots, j_n}} a_{i;i_1 \ldots i_p, j_1 \ldots j_n} X_1^{i_1} \ldots X_p^{i_p} Y_1^{j_1} \ldots Y_n^{j_n}, 1 \leqslant i \leqslant n,$$

avec $a_{i;0\ldots0,0\ldots0} = a_{i;0\ldots0,10\ldots0} = \ldots = a_{i;0\ldots0,0\ldots01} = 0$.
L'unique solution formelle est alors de la forme

$$\alpha_i = \sum_{i_1 + \cdots + i_p \geqslant 1} b_{i;i_1 \ldots i_p} X_1^{i_1} \ldots X_p^{i_p} (1 \leqslant i \leqslant n), \text{ avec}$$

$$b_{i;i_1 \ldots i_p} = P_{i;i_1 \ldots i_p} \left(\left(b_{i';i'_1 \ldots i'_p} \right)_{\substack{i'_1 + \ldots + i'_p \\ < i_1 + \ldots + i_p}}, \left(a_{i'';i''_1 \ldots i''_p, j''_1 \ldots j''_n} \right)_{\substack{i''_1 + \ldots + i''_p \\ + j''_1 + \ldots + j''_n \\ \leqq i_1 + \ldots + i_p}} \right)$$

où les $P_{i;i_1 \ldots i_p}$ sont des polynômes à coefficients entiers $\geqslant 0$.
Comme dans le cas des courbes, on en déduit que si on remplace les $a_{i;i_1 \ldots i_p, j_1 \ldots j_n}$ par des réels $A_{i;i_1 \ldots i_p, j_1 \ldots j_n} \geqslant 0$ majorant leur module, on obtiendra comme solution des séries majorantes de α_i.

Choix de la majorante :   puisqu'on est parti de séries convergentes, on peut trouver $r_1 > 0$ et $r_2 > 0$ tels que

$$\forall 1 \leqslant i \leqslant n, \sum_{\substack{i_1,\ldots,i_p \\ j_1,\ldots,j_n}} |a_{i;i_1\ldots i_p,j_1\ldots j_n}| r_1^{i_1+\cdots+i_p} r_2^{j_1+\cdots+j_n} \leqslant M < +\infty.$$

d'où on déduit

$$|a_{i;i_1\ldots i_p,j_1\ldots j_n}| \leqslant \frac{M}{r_1^{i_1+\cdots+i_p} r_2^{j_1+\cdots+j_n}}$$

On prendra $A_{i;i_1\ldots i_p,j_1\ldots j_n} = \dfrac{M \cdot \dfrac{(i_1+\cdots+i_p)!}{i_1!\ldots i_p!} \cdot \dfrac{(j_1+\cdots+j_n)!}{j_1!\ldots j_n!}}{r_1^{i_1+\cdots+i_p} r_2^{j_1+\cdots+j_n}}$, sauf dans les

cas où l'on sait déjà que le a correspondant est nul. On obtient ainsi les séries majorantes $(1 \leqslant i \leqslant n)$:

$$A = \sum_{\substack{i_1,\ldots,i_p \\ j_1,\ldots,j_n}} A_{i;i_1\ldots i_p,j_1\ldots j_n} X_1^{i_1} \ldots X_p^{i_p} Y_1^{j_1} \ldots Y_n^{j_n}$$

$$= \frac{M}{\left(1 - \frac{X_1+\cdots+X_p}{r_1}\right)\left(1 - \frac{Y_1+\cdots+Y_n}{r_2}\right)} - M - M\frac{Y_1+\cdots+Y_n}{r_2}.$$

Des séries majorantes des α_i sont donc obtenues en résolvant les équations

$$Y_1 = \ldots = Y_n = \frac{M}{\left(1 - \frac{X_1+\cdots+X_p}{r_1}\right)\left(1 - \frac{Y_1+\cdots+Y_n}{r_2}\right)} - M - M\frac{Y_1+\cdots+Y_n}{r_2}.$$

On retombe sur un calcul analogue à celui déjà fait pour les courbes, d'où on déduit la convergence des séries majorantes, et donc celle des α_i.   c.q.f.d.

Démonstration de la convergence dans le théorème de division.

D'après l'hypothèse, il existe $r_1 > 0$ et $r_2 > 0$ tels que $|g|(r_1,\ldots,r_1,r_2)$ et $|h|(r_1,\ldots,r_1,r_2)$ soient finis, où comme d'habitude on a pris $f(X_1,\ldots,X_n) = X_n^p + h(X_1,\ldots,X_{n-1},X_n)$ avec $h(0,\ldots,0,X_n) = 0$. Tout se passe alors formellement de la même façon que dans le cas des courbes.   c.q.f.d.

Remarque 7.4.6 – Tout ce qu'on a fait marche identiquement si K est un corps valué complet non discret (et donc infini). Si on se limite à $K = \mathbb{C}$ (le cas $K = \mathbb{R}$ s'en déduit) on peut donner une démonstration de ces théorèmes s'appuyant sur la théorie de l'intégrale de Cauchy pour les fonctions holomorphes de variables complexes. De plus, pour $K = \mathbb{C}$, cette dernière démonstration fournit un résultat global (voir par exemple C.T.C. Wall : Introduction to the preparation theorem, in Proceedings of Liverpool singularities symposium I, Springer Lect. Notes 192).

7.5 Thème d'étude

L'anneau des fonctions analytiques dans un ouvert $\mathscr{O}$ de K^n : le fait que cet anneau soit encore un anneau d'intégrité montre la grande différence qu'il y a avec les fonctions $\mathbb{R}$-différentiables ou continues (Voir Cartan, chap. I et chap. IV).

Dans ce contexte, et pour $K = \mathbb{C}$, on interprète assez agréablement[2] le théorème de division (qui vaut encore dans un ouvert $\mathscr{O}$) ; tout d'abord, on considère le cas $n = 1$: si $g(Z)$ est une fonction analytique définie sur un voisinage ouvert $\mathscr{O}$ de 0 dans $\mathbb{C}$ et si $P(Z)$ est un polynôme unitaire de degré p dont *toutes les racines sont dans $\mathscr{O}$*, l'existence d'une identité de division

$$g(Z) = Q(Z) \cdot P(Z) + R(Z)$$

où $Q(Z)$ est analytique dans $\mathscr{O}$, et où $R(Z)$ est un polynôme de degré $\leqslant p - 1$, s'interprète géométriquement en disant que l'idéal engendré par $P(Z)$ dans l'anneau des fonctions analytiques sur $\mathscr{O}$ est un sous-espace vectoriel de codimension p. Ce dernier fait découle de la propriété suivante (évidente) des fonctions analytiques : soient c_i les racines de $P(Z)$ et λ_i leurs ordres de multiplicité respectifs $\left(\sum_i \lambda_i = p \right)$; une condition nécessaire et suffisante pour que $g(Z)$ analytique sur $\mathscr{O}$ soit divisible par $P(Z)$ est que $\forall i, g(c_i) = g'(c_i) = \ldots = g^{(\lambda_i - 1)}(c_i) = 0$, ce qui fait bien dans tous les cas p conditions linéaires indépendantes.

Le reste $R(Z)$ est défini comme étant le polynôme d'interpolation de Lagrange défini par $R(c_i) = g(c_i), \ldots, R^{(\lambda_i - 1)}(c_i) = g^{(\lambda_i - 1)}(c_i)$, et l'identité de division exprime que l'espace vectoriel des fonctions analytiques sur $\mathscr{O}$ est somme directe de l'idéal engendré par $P(Z)$ et de l'espace vectoriel (de dimension p) des polynômes de degré $\leqslant p - 1$. Le théorème de division dans le cas général exprime que si les coefficients de $P(Z)$ dépendent analytiquement d'un certain nombre de variables, il en est de même de $Q(Z)$ et de $R(Z)$ (ce serait évident si, par exemple, les racines de $P(Z)$ restaient toujours toutes distinctes).

7.6 Envolée

La théorie du déploiement versel est une vaste généralisation du théorème de préparation de Weierstrass (remplacement de Y^p par des fonctions de plusieurs variables). Voir travaux de Thom, Mather,…Pour une présentation succinte, voir l'article *Singularités des fonctions différentiables* écrit par l'auteur dans l'Encyclopedia Universalis.

7.7 Lecture

L'article Géométrie analytique de l'Encyclopédie Universalis, par C. Houzel, en particulier le lemme de normalisation de E. Noether, qui est une version globale du théorème de préparation.

---

[2]Voir *R. Thom*, Théorie du Déploiement Universel IHES Mars 1971. (Paru en 1975 sous le titre : Modèles Mathématiques de la Morphogénèse, Collection 10–18, Editions Bourgois).

Le théorème de Puiseux

8.1 Paramétrages et polygone de Newton (cas formel)

Soit K un corps, et $f(X, Y) \neq 0$ un élément de $K[[X, Y]]$ tel que $f(0, 0) = 0$. On a vu (théorème des fonctions implicites) que, si $\frac{\partial f}{\partial Y}(0, 0) \neq 0$, il existe une unique « solution » $\varphi(X) \in K[[X]]$, $\varphi(0) = 0$, telle que $f(X, \varphi(X)) = 0 \in K[[X]]$.

Par contre, l'exemple $f(X, Y) = Y^2 - X^3$ montre qu'une telle « solution » n'existe pas en général.

Définition 8.1.1 – *Un paramétrage de f est un couple $[\alpha(T), \beta(T)]$ d'éléments de $K[[T]]$ qui vérifie*

(i) *α et β ne sont pas tous les deux identiquement nuls.*

(ii) *$\alpha(0) = \beta(0) = 0$.*

(iii) *$f(\alpha(T), \beta(T)) = 0 \in K[[T]]$.*

Lemme 8.1.2 – *Soit K un corps algébriquement clos. Si $f \in K[[X, Y]]$ admet un paramétrage, il en admet également un pour lequel (après changement éventuel de coordonnées) on a $\alpha(T) = T^n$ (n entier positif).*

Démonstration. Soit $[\tilde{\alpha}(T), \tilde{\beta}(T)]$ un paramétrage de f ; en intervertissant au besoin X et Y, on peut supposer que $\tilde{\alpha}(T) \neq 0$. Il existe donc un entier n tel que

$$\tilde{\alpha}(T) = T^n \cdot u(T), u(0) \neq 0.$$

On cherche alors $\gamma(T) \in K[[T]]$ vérifiant $\gamma(0) = 0$ et

$$\tilde{\alpha}(\gamma(T)) = T^n,$$

et on pose $\alpha(T) = T^n, \beta(T) = \tilde{\beta}(\gamma(T))$. Il est clair qu'on obtient ainsi un paramétrage de f.

L'existence de $\gamma(T)$ est un simple exercice d'identification : posons en effet

$$u(T) = u_0 + u_1 T + \cdots, u_0 \neq 0, \ \gamma(T) = C_1 T + C_2 T^2 + \cdots,$$

on doit résoudre l'équation :

$$T^n(C_1 + C_2T + \cdots)^n[u_0 + u_1T(C_1 + C_2T + \cdots) + \cdots] = T^n,$$

c'est-à-dire

$$C_1^n = u_0^{-1} \text{ (donc } C_1 \neq 0),$$
$$C_2 = -(nC_1^{n-1}u_0)^{-1}u_1C_1^{n+1},$$

$$\ldots \ldots$$

$$C_i = -(nC_1^{n-1}u_0)^{-1}P_i(u_0, \ldots, u_{i-1}, C_1, \ldots, C_{i-1}),$$

$$\ldots \ldots$$

où P_i est un polynôme en $u_0, \ldots, u_{i-1}, C_1, \ldots, C_{i-1}$.

Puisqu'on a supposé K algébriquement clos, l'équation $Z^n - u_0^{-1} = 0$ a au moins une solution C_1, ce qui permet de calculer C_2, C_3, etc.   c.q.f.d.

Remarque 8.1.3 – Si $K = \mathbb{R}$, on voit qu'on se ramène à $\alpha(T) = \pm\,T^n$, et donc par changement d'axes à $\alpha(T) = T^n$.

Il nous suffit donc de chercher des paramétrages de la forme $[T^n, \beta(T)]$; c'est l'objet du théorème de Puiseux de montrer qu'un tel paramétrage existe toujours lorsque K est un corps algébriquement clos de caractéristique 0 (en particulier $K = \mathbb{C}$).

Il est commode, pour la démonstration et la formulation algébrique que nous donnerons ultérieurement, d'adopter le langage suivant :

On considère dans l'anneau $K[[T]]$ le sous-anneau $K[[T^n]]$ formé des éléments $f(T)$ qui s'écrivent $g(T^n)$ avec $g(T) \in K[[T]]$. Il est clair que $K[[T^n]] \cong K[[T]]$.

On notera $T^n = X$ et $T = X^{1/n}$. On obtient ainsi une extension $K[[X^{1/n}]]$ de l'anneau $K[[X]]$, dans laquelle $(X^{1/n})^n = X$.

L'existence d'un paramétrage de f de la forme $[T^n, \beta(T)]$ équivaut à l'existence d'une « solution » $\varphi(X^{1/n}) \in K[[X^{1/n}]]$ de f, c'est-à-dire un élément φ tel que $f(X, \varphi(X^{1/n})) = 0 \in K[[X^{1/n}]]$ (c'est un simple jeu de notations).

Puisqu'on ne sait pas a priori pour quel n on aura une solution $\varphi \in K[[X^{1/n}]]$, on est amené à rassembler en un seul objet toutes ces extensions de $K[[X]]$.

Pour celà, on décide d'introduire les relations suivantes entre les symboles $X^{1/n}$:

1. $X^{1/1} = X$

2. $(X^{1/rn})^r = X^{1/n}$

Pour plus de commodité, on notera $(X^{1/n})^m = X^{m/n}$. Les règles de calcul sur ces objets deviennent les règles usuelles de calcul sur les exposants fractionnaires.

La relation (2) fait de $K[[X^{1/n}]]$ un sous-anneau de $K[[X^{1/rn}]]$. En particulier, si $\alpha \in K[[X^{1/n}]]$ et $\beta \in K[[X^{1/r}]]$, leur produit est défini dans l'anneau $K[[X^{1/rn}]]$. La réunion $K[[X]]^* = \bigcup_{n \in \mathbb{N}-0} K[[X^{1/n}]]$ est donc munie de façon naturelle d'une structure d'anneau : c'est l'anneau des séries fractionnaires formelles à une indéterminée à coefficients dans K ; cet anneau contient en particulier le sous-anneau $K[[X^{1/1}]] = K[[X]]$.

Remarquons qu'un élément $\alpha \in K[[X]]^*$ s'écrit

$$\alpha = a_1 X^{p_1/q_1} + a_2 X^{p_2/q_2} + \dots$$

avec $a_1, a_2, \dots, \neq 0 \in K, 0 \leqslant p_1/q_1 < p_2/q_2 < \dots$ avec la *condition essentielle* que l'ensemble des p_i/q_i admette un dénominateur commun n (i.e. $\exists n \in \mathbb{N}$, $\alpha \in K[[X^{1/n}]]$). Le rationnel $p_1/q_1 \geqslant 0$ s'appelle l'ordre de α et sera noté $\omega(\alpha)$; on notera toujours $\alpha(0)$ le coefficient du terme indépendant de X.

Tout cela a pour but de formaliser des calculs sur $f(X, Y)$ dans lesquels on se permettra un nombre *fini* de changements de variables de la forme $X_1^q = X$.

Considérons alors un élément $f \in K[[X, Y]]$. On écrit $f(X, Y) = X^a g(X, Y)$ avec $g(0, Y) \neq 0 \in K[[Y]]$ (on aurait d'ailleurs pu supposer $f(0, Y) \neq 0$ après un éventuel changement de variables). On se ramène donc à l'étude des solutions de f telle que $f(0, 0) = 0$, $f(0, Y) \neq 0$.

Théorème de Puiseux – **(forme préliminaire)** – *Soit K un corps algébriquement clos de caractéristique 0. Soit $f \in K[[X, Y]]$ une série telle que $f(0, 0) = 0$, $f(0, Y) \neq 0$. Il existe $\varphi \in K[[X]]^*, \varphi(0) = 0$, telle que $f(X, \varphi) = 0 \in K[[X]]^*$.*

Démonstration par la méthode du polygone de Newton. Remarquons tout d'abord que, si $\omega(f(0, Y)) = m$, le théorème de Weierstrass nous permet de supposer que f est un polynôme distingué de degré m ; nous n'utiliserons pas ce fait pour le moment, mais il deviendra crucial lors de la démonstration de la convergence de la solution obtenue.

La démonstration du théorème de Puiseux que nous allons donner se fait par récurrence sur l'ordre $m = \omega(f(0, Y))$. Elle remonte à Newton (oui, c'est le même !).

Si $m = 1$, c'est le théorème des fonctions implicites.

Soit donc $f(X, Y) = \sum a_{ij} X^i Y^j$, avec

$$\omega(f(0, Y)) = m \text{ (en particulier } a_{0m} \neq 0).$$

Une éventuelle solution peut toujours s'écrire

$$\varphi(X^{1/n}) = X^\mu (t_0 + \varphi_1(X^{1/n})),$$

avec $t_0 \neq 0$, $\mu \in \frac{1}{n}(\mathbb{N} - 0)$, et $\varphi_1(0) = 0$.

De $f(X, \varphi(X^{1/n})) = 0$ on déduit en particulier que les termes de plus bas degré (fractionnaire) en X de $f(X, \varphi(X^{1/n}))$ s'évanouissent ; ces termes coïncident avec les termes de plus bas degré de $f(X, t_0 X^\mu) = \sum a_{ij} t_0^j X^{i+\mu j}$.

Posons $\nu = \inf\{i + \mu j, a_{ij} \neq 0\}$ (en particulier $\nu \leqslant \mu m$),

$$j_0 = \inf\{j, \exists i, a_{ij} \neq 0, i + \mu j = \nu\} \text{ (en particulier } j_0 \leqslant m),$$

$$g(t) = \sum_{i + \mu j = \nu} a_{ij} t^{j - j_0} \text{ (en particulier } g(0) \neq 0).$$

On a $f(X, t_0 X^\mu) = X^\nu(t_0^{j_0} g(t_0) + X^\varepsilon h(X, t_0))$, où $\varepsilon > 0$.

Une condition nécessaire d'existence de φ est donc l'existence de $t_0 \neq 0$ tel que $g(t_0) = 0$. *Celà implique que le polynôme $g(t)$ ait au moins deux termes*, et c'est là que s'introduit le *polygone de Newton* :

Dans le plan rapporté à 2 axes de coordonnées, on considère l'ensemble $\Delta(f)$ des points (i, j) tels que $a_{ij} \neq 0$. L'enveloppe convexe inférieure de $\Delta(f)$ est un polygone convexe, appelé *polygone de Newton* de f.

La figure ci-dessous rend cette notion plus claire qu'un long discours (nos hypothèses assurent que $(0, m) \in \Delta(f)$) :

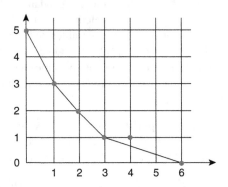

« Polygone de Newton » de $f(X, Y) = Y^5 + XY^3 + X^2Y^2 + X^3Y + X^4Y + X^6$.

Une condition nécessaire d'existence de φ est donc que l'un quelconque des côtés du polygone de Newton de f soit porté par la droite d'équation $i + \mu j = \nu$. Les seuls μ possibles sont donc donnés par $-1/\mu =$ pente d'un des côtés du polygone.

Nous pouvons maintenant commencer le raisonnement par récurrence : on cherche $\varphi = X^\mu(t_0 + \varphi_1)$ où μ a été choisi comme ci-dessus, et où t_0 est une racine $\neq 0$ de $g(t)$ (une telle racine existe si degré $g(t) \geqslant 1$ car K est supposé algébriquement clos et $g(t)$ ne peut être de degré 0 car deux termes de $g(t)$ ne peuvent être de même degré).

Écrivons μ sous forme d'une fraction irréductible p/q et faisons un changement de variables défini par

$$X = X_1^q,$$
$$Y = X^\mu(t_0 + Y_1) = X_1^p(t_0 + Y_1).$$

Soit

$$f_1(X_1, Y_1) = X^{-\nu} f(X, Y) = X_1^{-q\nu} f(X_1^q, X_1^p(t_0 + Y_1))$$
$$= (t_0 + Y_1)^{j_0} g(t_0 + Y_1) + X_1^{\varepsilon q} h(X_1^q, t_0 + Y_1).$$

On voit immédiatement que $f_1(X_1, Y_1) \in K[[X_1, Y_1]]$. De plus, $f_1(0, 0) = 0$ (à cause du choix de t_0) et

$$f_1(0, Y_1) = (t_0 + Y_1)^{j_0} g(t_0 + Y_1) = \sum_{i + \mu j = \nu} a_{ij}(t_0 + Y_1)^j.$$

Mais $\nu = i + \mu j \leqslant \mu m$ (puisque $a_{0m} \neq 0$), donc $j \leqslant m$, ce qui montre que $\omega(f_1(0, Y_1)) \leqslant m$.

1er cas : $\omega(f_1(0, Y_1)) < m$. L'hypothèse de récurrence assure l'existence d'un entier $q_1 \in \mathbb{N} - 0$ et de $\varphi_1(X_1^{1/q_1}) \in K[[X_1^{1/q_1}]]$ telle que $f_1(X_1, \varphi_1(X_1^{1/q_1})) = 0$. On en déduit $f(X_1^q, X_1^p(t_0 + \varphi_1(X_1^{1/q_1}))) = 0$ et donc $f(X, \varphi(X^{1/qq_1})) = 0 \in K[[X^{1/qq_1}]]$, où

$$\varphi(X^{1/qq_1}) = X^{p/q}(t_0 + \varphi_1(X^{1/qq_1})).$$

2ème cas : $\omega(f_1(0, Y_1)) = m$. Ce cas ne peut se produire que si $g(t) = \alpha.(t - t_0)^m$. Mais $g(t) = \sum\limits_{i+\mu j = \nu} a_{ij} t^{j-j_0}$ et on remarque que $i + \mu j = i_0 + \mu j_0$, donc $\mu = \frac{i-i_0}{j_0 - j} = \frac{p}{q}$, ce qui montre que $j_0 - j = 0$ (mod. q) puisque la fraction p/q est irréductible. Il existe donc un polynôme $\gamma(T) \in K[[T]]$ tel que $g(t) = \gamma(t^q)$.

Puisque $g(t) = \alpha.(t - t_0)^m$ *et que K est de caractéristique 0*, on en déduit que $g(t)$ comporte un terme non nul en t, et donc que $q = 1$; dans ce cas, μ est donc un entier. On peut d'ailleurs tracer le polygone de Newton : il comporte un seul segment sur lequel se trouvent $m + 1$ points de $\Delta(f)$.

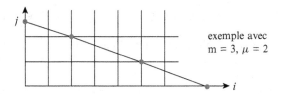

exemple avec
m = 3, μ = 2

Deux cas peuvent alors se produire :
ou bien au bout d'un nombre fini d'étapes on arrive à $f_i(X_i, Y_i)$ qui vérifie $\omega(f_i(0, Y_i)) < m$ et on conclut par l'hypothèse de récurrence ,
ou bien on ne rencontre que des μ entiers et on obtient alors une solution $\varphi(X)$ de $f(X, Y)$ qui appartient à $K[[X]]$; en effet $f(X, t_0 X^\mu) = X^\nu f_1(X, 0)$, ν entier > 0, et si l'on continue avec μ_1 également entier, on obtient

$$f_1(X, t_1 X^{\mu_1}) = X^{\nu_1} f_2(X, 0), \ \nu_1 \text{ entier} > 0, \ \text{donc}$$
$$f(X, t_0 X^\mu + t_1 X^{\mu+\mu_1}) = X^\nu f_1(X, t_1 X^{\mu_1}) = X^{\nu+\nu_1} f_2(X, 0)$$

et par récurrence $f(X, t_0 X^\mu + \cdots + t_k X^{\mu+\mu_1+\cdots+\mu_k}) \in \mathscr{M}^{\nu+\nu_1+\cdots+\nu_k}$

Exercice – En déduire que $f(X, t_0 X^\mu + t_1 X^{\mu+\mu_1} + \cdots) \in \bigcap\limits_{i \geqslant 0} \mathscr{M}^i = \{0\}$ (utiliser Taylor).

En pratique, puisque l'ordre $\omega(f_i(0, Y_i))$ ne peut que diminuer, *on ne rencontre plus au bout d'un nombre fini d'étapes que des μ entiers !*

Exemple – 1. Montrer que les solutions dans $\mathbb{C}[[X]]^*$ de

$$f(X, Y) = Y^4 - 2X^3 Y^2 - 4X^5 Y + X^6 - X^7 \in \mathbb{C}[[X, Y]] \text{ sont}$$
$$\varphi_1 = X^{3/2} + X^{7/4} \in \mathbb{C}[[X^{1/4}]],$$

$$\varphi_2 = X^{3/2} - X^{7/4} \in \mathbb{C}[[X^{1/4}]],$$
$$\varphi_3 = -X^{3/2} + i X^{7/4} \in \mathbb{C}[[X^{1/4}]],$$
$$\varphi_4 = -X^{3/2} - i X^{7/4} \in \mathbb{C}[[X^{1/4}]].$$

2. Trouver de même la forme des solutions de

$$f(X, Y) = Y^4 - 2X^3 Y^2 - 4X^5 Y + X^6 \in \mathbb{C}[[X, Y]].$$

8.2 Formulation du théorème de Puiseux comme un théorème de clôture algébrique

On a vu dans le chapitre 1 que si K est intègre, a fortiori si K est un corps, l'anneau $K[[X]]$ est intègre. On note $K((X))$ son corps des fractions. Un élément de $K((X))$ est représenté par une fraction $f(X)/g(X)$, où $f(X) \in K[[X]]$ et $g(X) \neq 0 \in K[[X]]$. On peut donc trouver $n \in \mathbb{N}$ tel que $g(X) = X^n . u(X)$, $u(X)$ unité, et donc :

$$f(X)/g(X) = f(X)u^{-1}(X)/X^n = h(X)/X^n, h(X) \in K[[X]].$$

En définitive, $K((X))$ n'est autre que l'ensemble des « séries formelles de Laurent »

$$a_{-p}X^{-p} + a_{-p+1}X^{-p+1} + \cdots + a_0 + a_1 X + a_2 X^2 + \cdots (p < +\infty \, !!!).$$

La situation n'est plus du tout la même à plusieurs variables ; regarder, par exemple, $1/(X + Y)$ dans le corps des fractions $K((X, Y))$ de $K[[X, Y]]$.

Si l'on revient à l'extension $K[[X^{1/n}]]$ de $K[[X]]$, on obtient en passant aux corps des fractions une extension $K((X^{1/n}))$ du corps $K((X))$. Comme précédemment, on définit

$$K((X))^\star = \bigcup_{n \in \mathbb{N}-0} K((X^{1/n})).$$

$K((X))^\star$ est un corps (ce n'est autre que le corps des fractions de $K[[X]]^\star$). Un élément de $K((X))^\star$ s'écrit

$$\alpha = a_1 X^{p_1/q_1} + a_2 X^{p_2/q_2} + \cdots,$$

avec $a_1, a_2, \ldots, \neq 0 \in K$, $p_1/q_1 < p_2/q_2 < \ldots \in \mathbb{Q}$ et toujours la condition essentielle que l'ensemble des p_i/q_i admette un dénominateur commun n (i.e. $\exists n \in \mathbb{N}$, $\alpha \in K((X^{1/n}))$). Le rationnel p_1/q_1 (positif, négatif, ou nul) s'appellera toujours l'*ordre* de α et sera encore noté $\omega(\alpha)$.

On peut alors énoncer le théorème de Puiseux sous la forme suivante (cf. Lefshetz, Walker, Pham) :

Théorème 8.2.1 – *Si K est un corps algébriquement clos de caractéristique 0, le corps $K((X))^*$ est algébriquement clos.*

Démonstration. On doit montrer que tout polynôme

$$P = \sum_{i=0}^{N} \alpha_i Y^i \in K((X))^*[Y] \text{ tel que } \alpha_N \neq 0, N \geqslant 1, \text{ a au moins une racine dans}$$

$K((X))^*$.

On se ramène au problème déjà traité par une suite de changements de variables :

(i) En multipliant P par une puissance de X convenable, on peut supposer que chaque α_i est dans $K[[X]]^*$.

(ii) Soit k un entier tel que $\forall i, 0 \leqslant i \leqslant N, \alpha_i \in K[[X^{1/k}]]$. Le changement de variables $X \to X^k$ nous ramène à un polynôme $Q = \sum_{i=0}^{N} \beta_i Y_i$, avec $\beta_i \in K[[X]]$ pour tout i, i.e. $Q \in K[[X]][Y]$.

(iii) Le changement de variables $Y \to (1/\beta_N) \cdot Y$ et la multiplication par $(\beta_N)^{N-1}$ du polynôme obtenu nous ramènent à

$$R = Y^N + \sum_{i=0}^{N-1} \gamma_i Y^i \in K[[X]][Y].$$

(iv) Enfin, si $a \in K$ vérifie $R(0, a) = 0$, le changement de variables $Y \to a + Y$ nous fournit $f(X, Y) \in K[[X]][Y]$ vérifiant $f(0, 0) = 0$ et $f(0, Y) \neq 0$ dont nous avons démontré qu'il possède au moins une racine dans $K[[X]]^*$ (et donc à fortiori dans $K((X))^*$).

Remarques 8.2.2 – 1. Rappelons encore une fois que, grâce au théorème de Weierstrass, ce théorème équivaut au théorème de Puiseux ; en effet, on peut toujours ramener la considération d'un élément de $K[[X, Y]]$ à celle d'un élément de $K[[X]][Y]$.

2. Le théorème précédent s'énonce encore de la façon suivante :

$$\text{Soit } f(X, Y) = \sum_{i=0}^{N} \alpha_i Y^i \in K((X))^*[Y], \ \alpha_N \neq 0, N \geqslant 1,$$

il existe N éléments $\varphi_1, \ldots, \varphi_N \in K((X))^*$ (pas forcément distincts) uniquement déterminés par f, tels que

$$f(X, Y) = \alpha_N \prod_{i=1}^{N} (Y - \varphi_i).$$

3. Si pour $0 \leqslant i \leqslant N - 1$, on a $\omega(\alpha_N) \leqslant \omega(\alpha_i)$, toutes les solutions φ_i sont dans $K[[X]]^*$ (*cas particulier* : f est un polynôme unitaire dans $K[[X]]^*[Y]$).

On écrit en effet $f = \alpha_N g$, g polynôme unitaire dans $K[[X]]^*[Y]$; seule l'étape (iv) est éventuellement nécessaire pour se ramener à $g(0, 0) = 0$; g possède donc une racine φ dans $K[[X]]^*$; on divise g par le polynôme unitaire $Y - \varphi$ qui est dans $K[[X]]^*[Y]$ et on retombe sur un polynôme unitaire.

ATTENTION ! Les conditions $f(0, 0) = 0$ et $f(0, Y) \neq 0$ assurent l'existence *d'une* racine au moins dans $K[[X]]^*$; l'exemple $f = (1 + XY)(Y - X)$ montre qu'elles n'ont aucune raison d'y être toutes (ici $\varphi_1 = X, \varphi_2 = -X^{-1}$).

8.3 Application à l'étude des éléments irréductibles de $K((X))[Y]$, $K[[X]][Y]$, $K[[X, Y]]$

Pour comprendre comment la connaissance d'une extension algébrique close L d'un corps K permet d'étudier les problèmes d'irréductibilité dans $K[Y]$, revenons à la situation classique $K = \mathbb{R}$, $L = \mathbb{C}$. On sait bien que les éléments irréductibles de $R[Y]$ sont ou bien les polynômes de degré 1, ou bien les polynômes de degré 2 ayant leurs deux racines dans $\mathbb{C}$ distinctes et échangées par la conjugaison $z \to \bar{z}$. L'origine de ce phénomène est dans les deux assertions qui suivent.

Assertion 1 – Le groupe des automorphismes (de corps) de $\mathbb{C}$ au-dessus de $\mathbb{R}$ est isomorphe à $\mathbb{Z}/2\mathbb{Z}$, avec pour générateur la conjugaison $z \to \bar{z}$.

Assertion 2 – Soit $a \in \mathbb{C}$; pour que $a \in \mathbb{R}$ il faut et il suffit que a soit laissé fixe par chaque automorphisme de $\mathbb{C}$ au-dessus de $\mathbb{R}$ (i.e. $\bar{a} = a$).

L'assertion 2 est bien connue : quant à 1, c'est un exercice facile.
Donnons quelques définitions :

Définition 8.3.1 *– Si K est un corps, et si le corps L est une extension de K, le groupe des automorphismes de L au-dessus de K s'appelle le groupe de Galois $G(L/K)$ de l'extension. Lorsque K est exactement l'ensemble des éléments de L laissés fixes par tous les éléments de $G(L/K)$, on dit que l'extension est Galoisienne*[1] *(cette définition ne vaut en fait que pour les extensions finies, i.e. celles où L est un espace vectoriel de dimension finie sur K ; on peut montrer alors (Théorème d'Artin) que cette dimension coïncide avec le nombre d'éléments de $G(L/K)$).*

Thème d'étude : théorie des extensions algébriques de corps, théorie de Galois (cf. Lang, ou bien Artin : « Galois theory »).

Lemme 8.3.2 *– Soit K un corps algébriquement clos de caractéristique 0.*
L'extension $K((X)) \subset K((X^{1/q}))$ est Galoisienne et son groupe de Galois est isomorphe au groupe des racines $q^{\text{èmes}}$ de l'unité dans K.

Démonstration. Soit ϕ un élément de $G\big(K((X^{1/q}))/K((X))\big)$:

$$\phi(X^{1/q}) = \sum_{i=i_o}^{\infty} a_i X^{i/q} (i_o \in \mathbb{Z},\ a_{i_o} \neq 0).$$

---

[1] Un exemple d'extension non galoisienne est donné par $L = \mathbb{Q}(\sqrt[3]{2}, i) \supset K = \mathbb{Q}$. En effet, tout élément φ de $G(L/K)$ vérifie $\varphi(\sqrt[3]{2}) = \sqrt[3]{2}$ et $\varphi(i) = \pm i$ (calculer dans $\mathbb{C}$!). On a donc $(G(L/K) \cong \mathbb{Z}/2\mathbb{Z}$ et l'ensemble des éléments de L laissés fixes par $G(L/K)$ est $\mathbb{Q}(\sqrt[3]{2}) \neq \mathbb{Q}$.

On a $(\phi(X^{1/q}))^q = \phi((X^{1/q})^q) = \phi(X) = X$, donc $a_{i_o}^q X^{i_o} = X$, $i_o = 1$ et $a_{i_o}^q = 1$. Supposons que $\phi(X^{1/q}) = a_1 X^{1/q} + \sum_{i \geqslant j_o} a_i X^{i/q} (j_o \geqslant 2, a_{j_o} \neq 0)$; il vient :

$$X = (\phi(X^{1/q}))^q = X + q a_1^{q-1} a_{j_o} X^{q-1+j_o/q} + \text{termes d'ordre supérieur,}$$

d'où l' on déduit que $a_{j_o} = 0$, et donc que $\phi(X^{1/q}) = a_1 X^{1/q}$, avec $a_1^q = 1$, ce qui démontre l'assertion sur le groupe de Galois.

Soit maintenant $\alpha = \sum_{i \geqslant i_o} a_i X^{i/q} \in K((X^{1/q}))$ invariant sous l'action de chaque élément de $G\big(K((X^{1/q}))/K((X))\big)$: cela signifie que pour toute racine $q^{\text{ème}}$ de l'unité ζ, on a

$$\alpha = \sum_{i \geqslant i_o} a_i \zeta^i X^{i/q}, \quad \text{donc} \quad \forall i, \ \forall \zeta, \ a_i = a_i \, \zeta^i.$$

Mais quel que soit $i \neq 0$ (mod. q), il existe une racine $q^{\text{ème}}$ de l'unité ζ telle que $\zeta^i \neq 1$. En effet, K étant algébriquement clos de caractéristique 0, le groupe des racines $q^{\text{ème}}$ de l'unité est un groupe cyclique (comme tout sous-groupe multiplicatif fini d'un corps) d'ordre q ; une racine primitive (i.e. un générateur de ce groupe) vérifie $\zeta^i \neq 1$ pour $i = 1, \dots, q-1$. On en déduit que $a_i = 0$ si $i \neq 0$ (mod. q), donc $\alpha \in K((X))$. \hfill c.q.f.d.

La remarque qui pour nous est fondamentale est que *si K est un corps, si $P \in K[Y]$ et si α est une racine de P dans une extension L de K, alors pour tout $\phi \in G(L/K)$, $\phi(\alpha)$ est encore racine de P.* En effet, $0 = \phi(P(\alpha)) = P(\phi(\alpha))$.

Nous sommes maintenant en mesure de caractériser les éléments irréductibles de $K((X))[Y]$:

Proposition 8.3.3 *– Soit K un corps algébriquement clos de caractéristique 0 et soit $f \in K((X))[Y]$, $f \notin K((X))$. Le polynôme f est irréductible si et seulement si*

1. Pour toute racine φ de f dans $K((X))^*$, le degré N de f est le plus petit entier tel que $\varphi \in K((X^{1/N}))$.

2. Les racines $\varphi_1, \dots, \varphi_N$ sont toutes distinctes et se déduisent de l'une quelconque d'entre elles par l'action du groupe de Galois $G\big(K((X^{1/N}))/K((X))\big)$.

Démonstration. Si $N = 1$, il n'y a rien à démontrer.

Supposons donc $N \geqslant 2$ et soit $\varphi \in K((X))^*$ une racine de f. Soit q le plus petit entier tel que $\varphi \in K((X^{1/q}))$; on a forcément $q \geqslant 2$ car si $q = 1$, f est divisible par $Y - \varphi(X) \in K((X))[Y]$.

Lemme 8.3.4 *– Si $\zeta \in K$, $\zeta^q = 1$, $\zeta \neq 1$, $\varphi(\zeta X^{1/q}) \in K((X^{1/q}))$ est une racine de f distincte de $\varphi(X^{1/q})$.*

Démonstration du lemme. Le fait que $\varphi(\zeta X^{1/q})$ soit une racine découle de la remarque ci-dessus.

Notons $\varphi(X^{1/q}) = \sum_{i \geqslant i_o} a_i X^{i/q}$. On a déjà vu que $\varphi(X^{1/q}) = \varphi(\zeta X^{1/q})$ implique $a_i = \varphi^i a_i$ pour tout i, et donc $\zeta^i = 1$ chaque fois que $a_i \neq 0$.

Soit d le p.g.c.d. de l'ensemble formé de q et de tous les i tels que $a_i \neq 0$. On a $d \neq q$ car sinon $\varphi \in K((X))$ contrairement à l'hypothèse $q \geqslant 2$. On a également $d \neq 1$, sinon (théorème de Bézout) il existerait $i_1, \ldots, i_k$ avec $a_{i_1} \neq 0, \ldots, a_{i_k} \neq 0$ et $u, v_1, \ldots, v_k \in \mathbb{Z}$ tels que $uq + v_1 i_1 + \cdots + v_k i_k = 1$, et donc $\zeta = (\zeta^q)^u (\zeta^{i_1})^{v_1} \ldots (\zeta^{i_k})^{v_k} = 1$ contrairement à l'hypothèse. Mais alors $q = q'd, q' < q$ et $\varphi \in K((X^{1/q'}))$ contrairement à l'hypothèse. Le lemme est ainsi démontré.

Considérons alors le produit

$$\tilde{f} = \prod_{\{\zeta, \zeta^q = 1\}} (Y - \varphi(\zeta X^{1/q})) \in K((X^{1/q}))[Y],$$

effectué sur toutes les racines $q^{\text{ème}}$ de l'unité dans K (on pourrait encore l'écrire $\prod_{i=1}^{q} (Y - \varphi(\zeta^i X^{1/q}))$ où ζ est une racine primitive $q^{\text{ème}}$ de l'unité dans K). Ce produit est laissé fixe par tout élément de $G\big(K((X^{1/q}))/K((X))\big)$, donc $\tilde{f} \in K((X))[Y]$ comme on l'a vu plus haut. Mais $\tilde{f}$ divise f irréductible, donc il existe $\alpha \neq 0 \in K((X))$ tel que $f = \alpha \tilde{f}$, et en particulier $q = $ degré $\tilde{f} = $ degré $f = N$.

Réciproquement, le raisonnement qui précède montre que $\tilde{f}$ est irréductible dans $K((X))[Y]$, ce qui termine la démonstration de la proposition.

Remarque 8.3.5 – On obtient immédiatement à partir de la proposition un critère d'irréductibilité dans $K[[X]][Y]$, puisque $K((X))$ est le corps des fractions de $K[[X]]$ (voir chapitre I).

Dans le cas particulier où $f \in K[[X]][Y]$ vérifie $f(0, 0) = 0$, nous allons en déduire une condition nécessaire d'irréductibilité dont l'importance géométrique est fondamentale. Pour l'énoncer, nous aurons besoin d'une définition.

Définition 8.3.6 – *Soit $f \in K[[X]][Y]$ (ou même $f \in K[[X, Y]]$).*
Écrivons $f = f_p + f_{p+1} + \cdots (p \geqslant 0)$, où f_i est la partie de f homogène de degré i (en X et Y). La partie homogène de plus bas degré f_p s'appelle la forme initiale de f et p s'appelle la multiplicité de f (sous-entendu en $(0,0)$), ou encore l'ordre de f (cf. chapitre 6).

Proposition 8.3.7 – *Soit K un corps algébriquement clos de caractéristique 0, soit $f \in K[[X]][Y]$, $f(0, 0) = 0$. Si f est irréductible sa forme initiale est une puissance d'une forme linéaire, c'est-à-dire $f_p = (aX + bY)^p$ (la réciproque est bien entendu fausse ! ! !).*

Remarque préliminaire – On peut supposer que f dépend de Y (sinon f est le produit de X par une unité).

Si $f \in K[[X]][Y]$ est irréductible, on a $f(0, Y) \neq 0$ (sinon f est divisible par une puissance de X). Puisque $f(0, 0) = 0$, on déduit du théorème de Weierstrass une décomposition unique de f de la forme $f = u.P$, u unité de $K[[X, Y]]$, P polynôme distingué dans $K[[X]][Y]$.

Puisque P est unitaire, on peut diviser f par P dans $K[[X]][Y]$: $f = Q.P + R$, $Q, R \in K[[X]][Y]$, degré $R < $ degré P.

A cause de *l'unicité* dans le théorème de division *dans* $K[[X, Y]]$, on a forcément $R = 0$ et $Q = u$; en particulier $u \in K[[X]][Y]$.

Puisque $f(0, 0) = 0$, on en déduit (irréductibilité) que u est une unité de $K[[X]][Y]$, c'est-à-dire une unité de $K[[X]]$).

En définitive, *si* $f \in K[[X]][Y]$ *est irréductible et si* $f(0, 0) = 0$, f *est le produit d'une unité de* $K[[X]]$ *par un polynôme distingué*. En particulier, l'ordre de $f(0, Y)$ est égal au degré de P en Y :

Démonstration de la proposition. L'hypothèse permet d'écrire

$$f = u(X) \prod_{k=1}^{N} (Y - \varphi(\zeta^k X^{1/N})),$$

avec $\varphi(X^{1/N}) \in K[[X^{1/N}]]$, $\varphi(0) = 0$, ζ racine racine primitive $N^{\text{ème}}$ de l'unité dans K, $u(X) \in K[[X]]$, $u(0) \neq 0$. Ceci découle par exemple de la remarque qui précède jointe à la caractérisation des éléments irréductibles de $K[[X]][Y]$, mais il est clair qu'on n'a pas besoin du théorème de Weierstrass pour le voir : f irréductible implique $f(0, Y) \neq 0$. Il existe donc une racine dans $K[[X]]^*$ et elles le sont toutes (action du groupe de Galois).

Posons $\varphi(X^{1/N}) = a_r X^{r/N} + a_{r+1} X^{(r+1)/N} + \cdots, r > 0, a_r \neq 0$.
Les termes de plus bas degré de f sont aussi ceux de

$$g = u(0) \prod_{k=1}^{N} (Y - \zeta^{kr} a_r X^{r/N}).$$

1er cas : $r < N$, la forme initiale de f est $\pm u(0) a_r^N X^r$,
2ème cas : $r = N$, la forme initiale de f est $u(0)(Y - a_N X)^N$,
3ème cas : $r > N$, la forme initiale de f est $u(0) Y^N$.

Dans tous les cas, on trouve bien une puissance d'une forme linéaire. On retrouve bien, d'autre part, ce qu'on avait prédit plus haut à partir du théorème de Weierstrass, à savoir que si la forme initiale de f est $(aX + bY)^p$ avec $b \neq 0$, alors $p = N$.

Remarque – On trouvera dans la littérature une démonstration plus conceptuelle de ce théorème, basée sur le lemme de Hensel et la notion de séparation des branches par éclatement.

Complément – 1. *Irréductibilité dans $K[[X, Y]]$* : il suit de la remarque préliminaire que $f \in K[[X, Y]]$ est irréductible si et seulement si f est équivalente à un polynôme distingué P irréductible (d'après le chapitre 6, l'irréductibilité de P dans $K[[X, Y]]$ équivaut à l'irréductibilité de P comme polynôme distingué dans $K[[X]][Y]$). En particulier, si f n'est pas une unité et est irréductible dans $K[[X, Y]]$, la forme initiale de f est une puissance d'une forme linéaire.

On verra plus loin qu'on peut remplacer partout séries formelles par séries convergentes. Si $K = \mathbb{C}$ on a alors une interprétation géométrique de cette condition nécessaire : Si un germe de courbe analytique complexe plane (i.e. défini par l'équation $f(X, Y) = 0$, $f(0, 0) = 0$, $f \in \mathbb{C}\{X, Y\}$) est irréductible, il a *une seule tangente* (en (0,0)). Ceci s'applique en particulier à l'étude locale d'une courbe $f(X, Y) = 0$ avec $f \in \mathbb{C}[X, Y]$.

2. *Irréductibilité dans $K[X, Y]$* :   comme on l'a vu dans l'introduction, si $f \in K[X, Y]$ est irréductible dans $K[X, Y]$, f peut très bien devenir réductible dans $K[[X, Y]]$. On verra cependant plus loin qu'on peut déjà déceler localement les facteurs multiples de f.

8.4 Décomposition d'un polynôme distingué $P \in K[[X]][Y]$ suivant les côtés de son polygone de Newton[2]

De la caractérisation des éléments irréductibles de $K[[X]][Y]$, on déduit immédiatement le

Corollaire 8.4.1 – *Si P est un polynôme distingué irréductible dans $K[[X]][Y]$, son polygone de Newton a un seul côté (la réciproque est fausse !).*

Démonstration. Si $i + \mu j = \nu$ est l'équation de la droite portant un des côtés du polygone de Newton de P, on sait que P possède une racine φ d'ordre μ dans $K[[X]]^*$. Mais si P est irréductible, toutes les racines ont même ordre.   c.q.f.d.

Lemme 8.4.2 – *Soit P un polynôme distingué de degré N dans $K[[X]][Y]$; soient $\varphi_1, \ldots, \varphi_N$ les racines de P dans $K[[X]]^*$. Le polygone de Newton de P a un nombre de côtés égal au nombre de valeurs distinctes prises par les ordres des φ_k. À chaque ordre μ_k correspond un côté d'équation $i + \mu_k j = \nu_k$ et de longueur (en projection sur l'axe des j) égale au nombre de racines ayant cet ordre.*

Démonstration. Écrivons $P = \prod\limits_{k=1}^{N}(Y - \varphi_k)$, $\varphi_k(0) = 0$. En remplaçant les entiers par les rationnels on voit comment définir le polygone de Newton d'un élément $f \in K[[X]]^*[Y]$, en particulier de $f = \prod\limits_{k=1}^{k_0}(Y - \varphi_k)$.

Cette remarque va nous permettre de raisonner par récurrence sur N (on aurait aussi pu faire un changement de variables $X \mapsto X^q$ où, pour tout i, $\varphi_i \in K[[X^{1/q}]]$, pour se ramener à des solutions dans $K[[X]]$). Nous supposerons les racines φ_i numérotées par *ordres décroissants* ; d'après l'hypothèse de récurrence (trivialement vérifiée pour $N = 1$), le polynôme $\prod\limits_{i=1}^{k-1}(Y - \varphi_i)$ a un polygone de Newton décrit par le lemme. Soit μ le plus petit des ordres des φ_i pour $1 \leqslant i \leqslant k - 1$ et soit $\mu_k \leqslant \nu$ l'ordre de φ_k. Les dessins ci-dessous valent mieux qu'un long discours :

---

[2]D'après un exposé de B. Teissier « Hensel et le polygone de Newton » dans le cours de Lazard (Théorie du corps de classe local) I.H.P. 1968–1969.

1er cas : $\mu_k < \mu$.

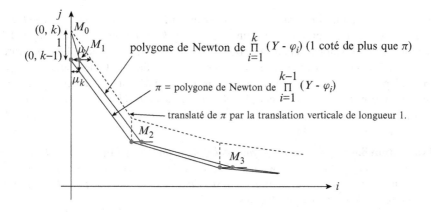

La seule chose à vérifier est que les points M_i existent bien (i.e. que les coefficients correspondants ne s'annulent pas). Pour M_1 c'est clair car le produit $\prod_{i=1}^{k-1}(Y - \varphi_i)$ ne peut pas contenir de terme en $Y^{k-2}X^{\mu_k}$, à cause de la condition $\mu_k < \mu$. Plus généralement, pour voir que M_i est présent, il suffit de remarquer que, si $\prod_{i=1}^{k-1}(Y - \varphi_i)$ contient un terme en $X^a Y^b$, il n'en contient pas en $X^{a+\mu_k}Y^{b-1}$.

2ème cas : $\mu = \mu_k$

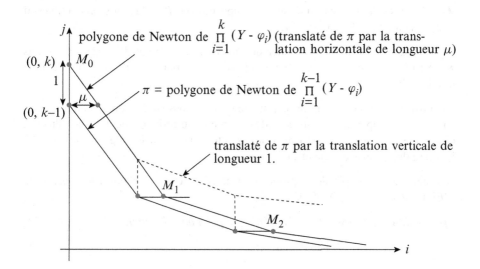

Encore une fois, la seule chose à vérifier est que les points M_i existent bien ; il faut faire un tout petit peu plus attention que dans le premier cas : on voit facilement que, si $\prod_{i=1}^{k-1}(Y - \varphi_i)$ contient un terme en $X^a Y^b$, $a \neq 0$, et ne contient pas de terme en $X^{a'} Y^b$, $a' < a$, alors il ne contient pas de terme en $X^{a+\mu} Y^{b-1}$ dès que $k - 1 - b$ est supérieur ou égal au nombre ℓ de racines $\varphi_i (1 \leqslant i \leqslant k - 1)$ d'ordre μ. En effet, $X^a Y^b$ doit provenir obligatoirement de $Y^b \cdot \psi_1 \ldots \psi_\ell, \ldots$ (où $\psi_1, \ldots, \psi_\ell$ sont les φ_i d'ordre μ) et on ne peut plus échanger un Y que contre un φ_i d'ordre strictement supérieur à μ. Mais d'après l'hypothèse de récurrence, l'ordonnée de M_1 est exactement $k - 1 - \ell$, ce qui montre que M_i a pour coordonnées (a, b) avec $b \leqslant k - 1 - \ell$, c'est-à-dire $k - 1 - b \geqslant \ell$.   c.q.f.d.

On déduit du lemme la

Proposition 8.4.3 – *Soit P un polynôme distingué dans $K[[X]][Y]$; soient $C_1, \ldots, C_n$ les côtés du polygone de Newton de P, d'équations respectives $i + \mu_k j = \nu_k (k = 1, \ldots, n)$ et de longueur λ_k (en projection sur l'axe des j) ; alors on peut décomposer P en produit de polynômes distingués.*

$$P = \prod_{k=1}^{n} A_k, \ A_k \in K[[X]][Y], \qquad \text{avec}$$

1. *Degré $A_k = \lambda_k$.*
2. *Toutes les racines de A_k ont même ordre μ_k.*

Démonstration. On obtient les A_i en regroupant les $Y - \varphi_i$ correspondant à des φ_i d'ordre donné ; on obtient ainsi des éléments d'un certain $K[[X^{1/q}]][Y]$ invariants sous l'action du groupe $G\big(K((X^{1/q}))/K((X))\big)$, c'est-à-dire des éléments de $K[[X]][Y]$.   c.q.f.d.

Remarque 1 – Pour parvenir à une décomposition de P en facteurs irréductibles, il faut bien entendu itérer le procédé.

Remarque 2 – On aurait pu traiter de même le cas général des polynômes dans $K((X))(Y)$ en généralisant aux exposants négatifs le polygone de Newton. Ce n'est pas difficile !

Remarque 3 – Après cela, un bon thème d'étude consiste à aborder la théorie des valuations et appliquer ce qui précède à l'unicité du prolongement de la valuation d'un corps complet pour une valuation discrète à une extension algébrique finie (cf. l'exposé de B. Teissier déjà cité).

Une application simple de la proposition précédente : *le critère d'irréductibilité d'Einsenstein pour $K[[X]][Y]$.*

Proposition 8.4.4 – *Soit $P \in K[[X]][Y]$ un polynôme distingué.*

$$P = Y^N + a_{N-1}(X)Y^{N-1} + \ldots + a_0(X)$$

On suppose que $a_0(X) \notin \mathscr{M}^2$; alors P est irréductible.

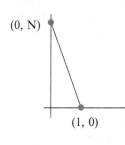

Démonstration. Le polygone de Newton de P dessiné ci-contre nous dit que toutes les racines de P ont même ordre $1/N$. Soit $q \geqslant N$ le plus petit entier tel qu'une des racines au moins soit dans $K[[X^{1/q}]]$; d'après la démonstration de la première proposition caractérisant l'irréductibilité dans $K((X))[Y]$, on voit que $\forall \zeta$ racine $q^{\text{ème}}$ de l'unité dans K, $\varphi(\zeta X^{1/q})$ est une racine de P *distincte* de $\varphi(X^{1/q})$. On a donc $N \leqslant q \leqslant N$, soit $q = N$ et le critère d irréductibilité dans $K((X))[Y]$ (et donc pour P dans $K[[X]][Y]$) s'applique. c.q.f.d.

8.5 Détection locale des facteurs multiples d'un élément de $K[X, Y]$

Un des corollaires de l'étude qui précède est que, si P est un polynôme distingué (par exemple) dans $K[[X]][Y]$, P admet un facteur multiple dans sa décomposition en facteurs irréductibles si et seulement si P a une racine multiple dans $K[[X]]^\star$ (en fait dans $K[[X]]^\star$).

Cela vient de ce qu'un polynôme irréductible dans $K[[X]][Y]$ a toutes ses racines distinctes, et qu'un tel polynôme est caractérisé (à la multiplication près par une unité de $K[[X]]$) par la donnée de l'une quelconque de ses racines.

En fait, ceci n'est qu'un cas particulier d'une situation très générale. Rappelons d'abord le

Lemme 8.5.1 – *Soit A un anneau factoriel, et $g \in A[Y]$ un élément irréductible qui n'est pas dans A. Alors, pour tout $f \in A[Y]$, g^2 divise f si et seulement si g divise f et g divise la dérivée f' de f.*

Démonstration. Si g divise f, $f = gh$, donc $f' = g'h + gh'$. Si g divise f', g divise $g'h$ et donc g divise h car degré $g' <$ degré g et g est irréductible ; donc g^2 divise f. Réciproquement, si $f = g^2 k$, on a $f' = 2gg'k + g^2 k'$, et donc g divise f'.

c.q.f.d.

La recherche des facteurs multiples de f est donc justiciable du théorème suivant, qui a été démontré lors du chapitre sur le résultant :

Théoréme – *Soit B un anneau factoriel, A un sous-anneau, Si $f, g \in A[Y]$ ont un facteur commun dans $B[Y]$ qui n'est pas dans B, ils ont un facteur commun qui est dans $A[Y]$ et pas dans A.*

En prenant $B = K((X))^\star$ et $A = K[[X]]$, on obtient à nouveau la remarque dont on est parti. En prenant $B = K((X))^\star$ et $A = K[X]$, on obtient le

Corollaire 8.5.2 – *Si $f[X, Y] \in K[X, Y]$ n'a pas de facteur indépendant de Y, alors f a un facteur multiple dans $K[X, Y]$ si et seulement si f a une racine multiple dans $K((X))^\star$.*

Géométriquement, si on pense en termes de séries convergentes au lieu de séries formelles, cela signifie que l'existence de facteurs multiples pour une courbe (globale) définie par un polynôme $f(X, Y) \in K[X, Y]$ peut déjà se voir par une étude locale en l'un quelconque de ses points ; en résumé :

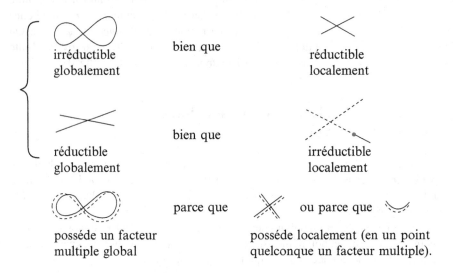

irréductible globalement

bien que

réductible localement

réductible globalement

bien que

irréductible localement

possède un facteur multiple global

parce que   ou parce que

possède localement (en un point quelconque un facteur multiple).

8.6 Résolution des problèmes de convergence

Le but de ce paragraphe est de montrer le théorème de Puiseux dans le cadre des séries convergentes, autrement dit l'existence pour $f \in \mathbb{C}\{X, Y\}$ (donc a fortiori pour $f \subset \mathbb{C}[X, Y]$) de paramétrages convergents.

Pour conserver le même langage, on peut définir par analogie avec le cas formel diverses extensions de l'anneau $\mathbb{C}\{X\}$:

$$\mathbb{C}\{X\} \subset \mathbb{C}\{X^{1/n}\} \subset \mathbb{C}\{X\}^{\star} = \bigcup_{n \in \mathbb{N}-0} \mathbb{C}\{X^{1/n}\}$$

(anneaux de séries fractionnaires convergentes).

On pourrait de même considérer le corps des fractions de $\mathbb{C}\{X\}$ (germes en 0 de fonctions méromorphes) et les diverses extensions correspondantes afin de faire un parallèle complet entre le cadre formel et le cadre convergent.

Nous nous contenterons de démontrer le théorème de Puiseux convergent comme conséquence du théorème suivant :

Théorème 8.6.1 – *Soit $f \in \mathbb{C}\{X, Y\}$ telle que $f(0, 0) = 0$, et soit $\varphi \in \mathbb{C}[[X]]^{\star}, \varphi(0) = 0$, telle que $f(X, \varphi) = 0 \in \mathbb{C}[[X]]^{\star}$. Alors $\varphi \in \mathbb{C}\{X\}^{\star}$.*

Démonstration. Quitte à factoriser une puissance de X, on peut supposer que $f(0, Y) \neq 0$. Le théorème de Weierstrass convergent nous fournit alors une unité

$u(X, Y) \in \mathbb{C}\{X, Y\}$ et un polynôme distingué $P \in \mathbb{C}\{X\}[Y]$ tels que $f = u \cdot P$; l'identité $f(X, \varphi) = 0$ équivaut alors à $P(X, \varphi) = 0$. *Nous pouvons donc supposer désormais que f est un polynôme distingué dans $\mathbb{C}\{X\}[Y]$.*

L'idée directrice est de montrer, qu'après un certain nombre de transformations, φ apparaît comme solution d'un problème de fonctions implicites (nous savons alors montrer la convergence de la solution d'après le chapitre 7).

La première opération est donc de se ramener au cas où φ est racine simple de P dans $\mathbb{C}[[X]]^\star$; pour cela, si φ est racine d'ordre α, il suffit de remplacer P par sa dérivée $(\alpha - 1)^{\text{ème}}$ par rapport à Y (on obtient encore un polynôme distingué à un facteur constant près).

D'autre part, d'après les paragraphes qui précèdent, il existe $q \in \mathbb{N} - 0$, tel que toutes les racines de P soient dans $\mathbb{C}[[X^{1/q}]]$. On peut donc écrire

$$P = (Y - \varphi(X^{1/q})) \prod_{i=1}^{r} (Y - \varphi_i(X^{1/q}))^{\alpha_i}, \text{ avec } 1 + \sum_{i=1}^{r} \alpha_i = N = \deg P.$$

Pour plus de commodité, on notera t le symbole $X^{1/q}$; nous sommes ainsi ramenés au problème suivant :

Soit $Q(t, Y) \in \mathbb{C}\{T\}[Y]$. On suppose que, dans $\mathbb{C}[[t]][Y]$, Q se décompose en facteurs du premier degré, *i.e.*

$$Q = \prod_{i=0}^{r} (Y - \varphi_i(t))^{\alpha_i}, \quad \forall i, \; \varphi_i(t) \in \mathbb{C}[[t]].$$

On suppose de plus que $\alpha_0 = 1$. Le problème est de montrer que $\varphi_0(t) \in \mathbb{C}\{t\}$.

Résolution du problème : on commence par montrer que $\varphi_0(t) \in \mathbb{C}\{t\}$ lorsque l'hypothèse (H) suivante est vérifiée.

Notations : Pour tout $i = 0, \ldots, r$, on notera

$$\varphi_i(t) = \sum_{j \geqslant \omega_i} a_{ij} t^j, \; a_{i\omega_i} \neq 0 \, ;$$

en particulier, $\omega(\varphi_i(t)) = \omega_i$.

Hypothèse H : $\forall i = 1, \ldots, r, \; a_{i\omega_i} t^{\omega_i} \neq a_{0\omega_0} t^{\omega_0}$.

Posons $\varphi_0(t) = t^{\omega_0} \psi_0(t)$, $Y = t^{\omega_0}(Z + \psi_0(0))$, et soit

$$R(t, Z) = Q(t, t^{\omega_0}(Z + \psi_0(0))) \in \mathbb{C}\{t\}[Z].$$

On a, dans $\mathbb{C}[[t]][Z]$, l'identité

$$R(t, Z) = t^{\omega_0}(Z + \psi_0(0) - \psi_0(t)) \prod_{i=1}^{r} [t^{\omega_0}(Z + \psi_0(0)) - \varphi_i(t)]^{\alpha_i}.$$

Soit ℓ l'ordre en t de $\prod_{i=1}^{r}[t^{\omega_0}(Z + \psi_0(0)) - \varphi_i(t)]^{\alpha_i}$; cela signifie qu'on écrit ce produit sous la forme $t^{\ell}g(t, Z)$, avec $g(0, Z) \neq 0$. Soit enfin

$$S(t, Z) = t^{-(\omega_0 + \ell)}R(t, Z) = (Z + \psi_0(0) - \psi_0(t))g(t, Z).$$

(Ceci est toujours une décomposition dans $C[[t]][Z]$ d'un élément de $\mathbb{C}\{t\}[Z]$.)

Affirmation : $\frac{\partial S}{\partial Z}(0, 0) \neq 0$.

Preuve. On calcule dans $\mathbb{C}[[t]][Z]$:

$$\frac{\partial S}{\partial Z}(t, Z) = g(t, Z) + (Z + \psi_0(0) - \psi_0(t))\frac{\partial g}{\partial Z}(t, Z), \text{ donc}$$
$$\frac{\partial S}{\partial Z}(0, 0) = g(0, 0).$$

Pour voir que $g(0, 0) \neq 0$, il suffit de regarder la contribution à $g(t, Z)$ d'un terme $Y - \varphi_i(t)$ du produit $\prod_{i=1}^{r}(Y - \varphi_i(t))^{\alpha_i}$:

Si $\omega_i < \omega_0$, cette contribution est $t^{\omega_0 - \omega_1}(Z + \psi_0(0)) - t^{-\omega_i}\varphi_i(t)$; la contribution de ce terme à $g(0, 0)$ est donc $-a_{i\omega_i} \neq 0$.

Si $\omega_i = \omega_0$, elle est $Z + \psi_0(0) - t^{-\omega_i}\varphi_i(t)$; la contribution de ce terme à $g(0, 0)$ est donc $\psi_0(0) - a_{i\omega_i} = a_{0\omega_0} - a_{i\omega_i} \neq 0$ (à cause de l'hypothèse (H), c'est le seul cas où elle intervient).

Si $\omega_i > \omega_0$, elle est $Z + \psi_0(0) - t^{-\omega_0}\varphi_i(t)$; la contribution de ce terme à $g(0, 0)$ est donc $\psi_0(0) = a_{0\omega_0} \neq 0$.   c.q.f.d.

D'après le théorème des fonctions implicites, il existe une unique série convergente $\theta(t) \in \mathbb{C}\{t\}$ telle que $\theta(0) = 0$ et $S(t, \theta(t)) = 0$, c'est-à-dire $R(t, \theta(t)) = 0$, et donc $Q(t, t^{\omega_0}(\theta(t) + \psi_0(0))) = 0$.

Puisque $t^{\omega_0}(\theta(t) + \psi_0(0)) = a_{0\omega_0}t^{\omega_0} +$ termes d'ordre supérieur, on a forcément (dans $\mathbb{C}[[t]]$) $t^{\omega_0}(\theta(t) + \psi_0(0)) = \varphi_0(t)$ (c'est encore l'hypothèse (H), puisque $\varphi_0(t)$ est la seule racine de Q dans $\mathbb{C}[[t]]$ commençant par $a_{0\omega_0}t^{\omega_0}$) ; on en déduit que $\varphi_0(t) \in \mathbb{C}\{t\}$.   c.q.f.d.

Il reste à faire un dernier changement de variables pour se ramener à une situation où l'hypothèse (H) est vérifiée :

On écrit $\varphi_0(t) = \sum_{\omega_0 < j < \omega_0'} a_{0j}t^j + \sum_{j \geqslant \omega_0'} a_{0j}t^j$ de telle manière qu'aucun des $\varphi_i(t)$ ($1 \leqslant i \leqslant r$) ne coïncide avec $\varphi_0(t)$ jusqu'à l'ordre ω_0' inclus (si l'hypothèse (H) est vérifiée, on peut prendre $\omega_0' = \omega_0$) ; un tel ω_0' existe car $\varphi_0(t)$ est supposée différente de $\varphi_i(t)$ pour $1 \leqslant i \leqslant r$. Notons $\tilde{\varphi}_0(t) = \sum_{\omega_0 \leqslant j < \omega_0'} a_{0j}t^j \in \mathbb{C}[t]$.

Si l'on pose $Y = \tilde{\varphi}_0(t) + \tilde{Y}$ et $\tilde{Q}(t, \tilde{Y}) = Q(t, \tilde{\varphi}_0(t) + \tilde{Y})$, on voit que l'on a $Q(t, \tilde{Y}) \in \mathbb{C}\{t\}[\tilde{Y}]$ et que, dans $\mathbb{C}[[t]][\tilde{Y}]$, on a

$$Q(t, \tilde{Y}) = \prod_{i=0}^{r} (\tilde{Y} + \tilde{\varphi}_0(t) - \varphi_i(t))^{\alpha_i}$$

Il est alors clair que, pour $Q(t, \tilde{Y})$, l'hypothèse (H) est vérifiée, et on conclut que $\varphi_0(t) = \tilde{\varphi}_0(t) +$ une série convergente en t, donc $\varphi_0(t) \in \mathbb{C}\{t\}$.   c.q.f.d.

8.6.2 – Explication de la méthode

La situation du théorème des fonctions implicites est une situation où il y a unicité de la solution : autrement dit, une seule composante de la courbe passe par l'origine. Il s'agit donc, par un changement de variables astucieux de séparer les composantes de la courbe qui passent par l'origine.

Exemple – $Q(t, Y) = (Y - t - t^2 - 2t^3 + t^4)(Y - t - t^2 - 3t^3 - t^5)$.

On pose $Y = t + t^2 + \tilde{Y}$ et
$$\tilde{Y} = t^3(Z + 2), \text{d'où}$$
$$\tilde{Q}(t, \tilde{Y}) = (\tilde{Y} - 2t^3 + t^4)(\tilde{Y} - 3t^3 - t^5)$$
$$\text{et } S(t, Z) = (Z + t)(Z - 1 - t^2).$$

Remarques 8.6.3 – 1. Une façon agréable de considérer le théorème qu'on vient de démontrer est la suivante : si B est un anneau, A un sous-anneau de B, un élément de B est dit *algébrique* sur A s'il est racine d'un polynôme à coefficients dans A. Si on prend $A = \mathbb{C}\{X\}$, $B = \mathbb{C}[[X]]$, on voit que les seuls éléments de $\mathbb{C}[[X]]$ algébriques sur $\mathbb{C}\{X\}$ sont les éléments de $\mathbb{C}\{X\}$. En effet, si $\varphi \in \mathbb{C}[[X]]$ est racine de $g \in \mathbb{C}\{X\}[Y]$, $\varphi - \varphi(0)$ s'annule en 0 et est racine de $\tilde{g}(X, \tilde{Y}) = g(X, \varphi(0) + \tilde{Y})$; on peut donc appliquer le théorème.

2. En définitive, si on part de $f(X, Y) \in \mathbb{C}\{X, Y\}$, si on veut appliquer le théorème de Weierstrass et décomposer le polynôme distingué obtenu en produit de polynômes distingués irréductibles, il suffit de faire des calculs formels, *la convergence est automatique* !

ATTENTION ! Cela ne signifie pas que si le produit de deux séries formelles quelconques est convergent, chacune des séries est convergente !

Exemple à 1 variable

$$f = 1 - \sum_{n=1}^{\infty} n! X^n \notin \mathbb{C}\{X\},$$

$$g = f^{-1} = 1 + \sum_{k=1}^{\infty} \left(\sum_{n=1}^{\infty} n! X^n \right)^k \notin \mathbb{C}\{X\},$$

$$fg = 1 \in \mathbb{C}\{X\}.$$

3. Le changement de variables $(t, Y) \mapsto \left(t, Z = \frac{Y}{t}\right)$ qu'on a utilisé (à une translation près) est très important en géométrie algébrique : *c'est l'éclatement de centre* $(0, 0)$:

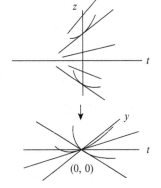

Tous les points $(t = 0, Z$ quelconque) s'envoient sur $(t = 0, Y = 0)$ (l'origine a été remplacée par l'axe des Z).

De plus, si deux courbes passant par $(0, 0)$ dans le plan (t, Y) ont des tangentes différentes, leurs transformées passent par des points différents de l'axe des Z (séparation des branches).

Lorsque (H) est vérifiée, on sépare la branche correspondant à φ_0 des autres en faisant éclater ω_0 fois l'origine.

Lorsque (H) n'est pas vérifiée, on pourrait remplacer le changement de variables $Y = \tilde{\varphi}_0(t) + \tilde{Y}$ par une suite d'éclatements de centres bien choisis.

8.7 Interprétation topologique du théorème de Puiseux dans le cadre de la théorie des fonctions analytiques complexes

(Voir, par exemple, Lefshetz, ou Pham.)

Soit $f \in \mathbb{C}\{X, Y\}$ un élément irréductible tel que $f(0, 0) = 0$; au point de vue de l'étude du germe de courbe défini par f, *on peut supposer dans la suite que f est un polynôme distingué de degré N dans $\mathbb{C}\{X\}[Y]$.*

Quitte à faire un changement d'axes de coordonnées, on peut supposer que la forme initiale de f est de la forme Y^N (voir plus haut la caractérisation des éléments irréductibles de $\mathbb{C}[[X]][[Y]]$) ; cela signifie que l'unique tangente au germe de courbe en $(0, 0)$ est l'axe des X (l'étude de l'équation des tangentes en $(0, 0)$ à un germe de courbe défini par $f \in \mathbb{C}\{X, Y\}$ se fait en intersectant la courbe avec une droite (complexe) arbitraire passant par $(0, 0)$ et en regardant ce qui se passe quand la pente de la droite varie ; c'est un bon exercice !).

Le théorème de Puiseux nous fournit alors un paramétrage

$$\begin{cases} X &= t^N, \\ Y &= \sum_{j=r}^{+\infty} a_j t^j \in \mathbb{C}\{t\}, \text{ avec } r > N. \end{cases}$$

(Autrement dit, $f = \prod_{k=1}^{N} \left(Y - \sum_{j=r}^{+\infty} a_j \zeta^{kj} X^{j/N} \right)$ où ζ est une racine primitive $N^{\text{ème}}$ de l'unité dans $\mathbb{C}$, par exemple $\zeta = e^{2i\pi/N}$.)

Soit U un ouvert de $\mathbb{C}^2$ contenant $(0, 0)$ assez petit pour qu'il existe un représentant analytique $\underline{f} : U \to \mathbb{C}$ de la série convergente f. Soient D_1, D_2 deux disques de $\mathbb{C}$ centrés en 0, tels que $D_1 \times D_2 \subset U$. L'existence du paramétrage ci-dessus dit exactement qu'il existe un disque $D \subset \mathbb{C}$ centré en 0 tel que

1. L'image de D par l'application $t \mapsto t^N$ est contenue dans D_1,
2. Il existe une fonction analytique $\eta : D \to D_2 \subset \mathbb{C}$, telle que

$$\underline{f}(t^N, \eta(t)) = 0,$$

3. L'irréductibilité de f a pour conséquence que l'image de D par l'application $t \mapsto (t^N, \eta(t))$ de D dans $D_1 \times D_2 \subset U$ contient tous les couples (X, Y) suffisamment proches de $(0, 0)$ tels que $f(X, Y) = 0$.

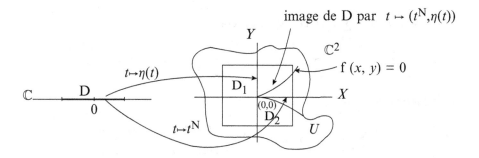

Pour voir les choses en complexe, reprendre l'exemple $Y^2 - X^3$ traité dans l'introduction (paramétrage évident $X = t^2, Y = t^3$).

En résumé, le changement de variables $t^N = X$ nous a permis de rendre *uniforme* la fonction (multiforme) $Y(X)$ définie par $f(X, Y) = 0$. Si f n'est pas irréductible et si chacun des facteurs irréductibles f_i est rendu uniforme par le changement de variables $t^{N_i} = X$, il est clair que f est rendue uniforme par le changement de variables $t^N = X$, où N est le plus petit commun multiple des N_i.

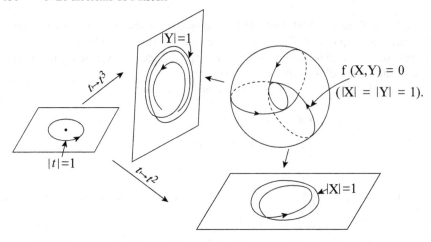

Remarque importante 8.7.1 – Revenons au cas f irréductible et fixons un point x_0 dans $D_1 - \{0\}$. Si x_0 est assez proche de 0, il existe $t_0 \in D - \{0\}$ tel que $t_0^N = x_0$, et l'équation $f(x_0, y) = 0$ a pour seules solutions

$$y = \eta(e^{2i\pi k/N} t_0), k = 1, \ldots, N.$$

Nous allons montrer que, si $x_0 \neq 0$ *est assez voisin de 0, ces N solutions sont toutes distinctes* !

Supposons en effet qu'il existe $k_1 \neq k_2$ avec

$$\eta(e^{2ik_1\pi/N} t_0) = \eta(e^{2ik_2\pi/N} t_0).$$

Puisque $\eta(t) = \sum_{j \geqslant r} a_j t^j$, cela s'écrit encore

$$\sum a_j e^{2i\pi k_1 j/N} t_0^j = \sum a_j e^{2i\pi k_2 j/N} t_0^j,$$

ou, en posant $\theta_0 = e^{2i\pi k_1/N} t_0$,

$$\sum a_j \theta_0^j = \sum a_j e^{2i\pi hj/N} \theta_0^j, \quad \begin{cases} h = k_2 - k_1 \neq 0, \\ |h| < N, \end{cases}$$

ou encore

$$\sum (1 - e^{2i\pi hj/N}) a_j \theta_0^j = 0$$

Montrons alors le lemme suivant

Lemme 8.7.2 – *Soit $\mathcal{O}$ un ouvert de $\mathbb{C}$, $\underline{\alpha} : \mathcal{O} \to \mathbb{C}$ une fonction analytique. Si $\underline{\alpha}$ n'est pas identiquement nulle, les zéros de $\underline{\alpha}$ sont isolés (Donner un contre-exemple pour une fonction $\mathbb{R} \to \mathbb{R}$ de classe C^∞).*

Démonstration. On peut, par translation des axes supposer que d'une part $0 \in \mathcal{O}$, d'autre part que $\underline{\alpha}(0) = 0$. On représente $\underline{\alpha}$ par son développement en série entière en 0, noté $\alpha \in \mathbb{C}\{X\}$. On a $\alpha = t^r \cdot u$, où u est une unité de $\mathbb{C}\{X\}$. D'après la continuité de u, et puisque $u(0) \neq 0$, on a $u(t_0) \neq 0$ pour t_0 assez proche de 0, et donc $\alpha(t_0) \neq 0$ pour $t_0 \neq 0$ assez proche de 0.   c.q.f.d.

On applique ce lemme avec $\alpha = \sum(1 - e^{2i\pi hj/N})a_j X^j$; on en déduit que, si α n'est pas identiquement nulle, et si $\theta_0 \neq 0$ (donc $t_0 \neq 0$) est choisi assez petit, $\alpha(\theta_0) \neq 0$. La seule possibilité est donc α identiquement nulle, c'est-à-dire $a_j = 0$ lorsque hj n'est pas un multiple de N.

Soit d le p.g.c.d. de N et de tous les j tels que $a_j \neq 0$; si $d = 1$, on montre avec Bézout que N divise h, ce qui est impossible car $|h| < N$, donc $d > 1$. Mais alors $N = dN'$ et f aurait des solutions dans $\mathbb{C}\{X^{1/N'}\}$, $N' < N$, contrairement à son caractère irréductible.   c.q.f.d.

En fait, dans les démonstrations transcendantes du théorème de Puiseux, c'est cette propriété de racines distinctes qu'on commence par montrer (on en dira un mot au chapitre suivant) ; elle prouve que, si D_1 est choisi assez petit, la projection sur le plan des X de la courbe C d'équation $f = 0$ définit un revêtement à N feuillets de $(C - \{0\}) \cap D_1 \times D_2$ sur $D_1 - (0)$ (voir Pham, Lefschetz, etc.).

8.7.3 – Les paires caractéristiques de Puiseux

Pour aller plus loin dans la description topologique de la courbe au voisinage de $(0, 0)$ (en fait pour avoir une description aussi complète que dans le cas élémentaire $Y^N - X^r$), on prend une solution $\varphi(X^{1/N})$ de f irréductible de la forme

$$\varphi(X^{1/N}) = \sum_{j=r}^{\infty} a_j X^{j/N} (r > N) \quad \text{(choix des axes)}$$

et on regroupe les termes par paquets de la manière suivante (on ne perturbe pas l'ordre des termes !) :

Soit $r_1/N_1 > 1$ (fraction irréductible) le premier exposant fractionnaire apparaissant dans le développement de φ tel que tous les exposants des termes précédents soient entiers. On groupe avec lui tous les termes suivants appartenant à $\mathbb{C}\{X^{1/N_1}\}$; si $N_1 \neq N$, il n'existe qu'un nombre fini de termes dans ce paquet ; on note r_2/N_1N_2 l'exposant qui apparait ensuite avec $(r_2, N_2) = 1$ et on groupe ensemble tous les termes suivants qui sont dans $\mathbb{C}\{X^{1/N_1N_2}\}$, etc. (cf. Pham).

On arrive à une écriture de la forme

$$\begin{aligned}
\varphi(X^{1/N}) &= a_{00}X^{r_0} + a_{01}X^{r_0+1} + \ldots + a_{0p_0}X^{r_0+p_0} \\
&+ a_{10}X^{r_1/N_1} + a_{11}X^{(r_1+1)/N_1} + \ldots + a_{1p_1}X^{(r_1+p_1)/N_1} \\
&+ a_{20}X^{r_2/N_1N_2} + a_{21}X^{(r_2+1)/N_1N_2} + \ldots + a_{2p_2}X^{(r_2+p_2)/N_1N_2} \\
&+ \cdots\cdots\cdots \\
&+ a_{g0}X^{r_g/N_1N_2\ldots N_g} + \ldots \text{(il est clair que } N_1N_2\ldots N_g = N).
\end{aligned}$$

Le dernier paquet a en général une infinité de termes. Les couples (N_i, r_i) $(i = 1, \ldots, g)$ sont appelés les *paires caractéristiques de Puiseux* de la courbe.

Le théorème fondamental (cf. Pham) est que la donnée des paires caractéristiques détermine *complètement* la topologie de la courbe au voisinage de $(0, 0)$ (cône sur un noeud torique itéré décrit par les paires (N_i, r_i)).

Exemples 8.7.4 – 1. $f = Y^2 - X^3$. *Il y a une seule paire (2, 3). Dans ce cas, on a vu élémentairement que la topologie locale est complètement déterminée par la paire (2, 3).*

2. $f = Y^4 - 2X^3Y^2 - 4X^5Y + X^6 - X^7$. *On a vu que f est irréductible et qu'une des solutions est*

$$\varphi(X^{1/4}) = X^{3/2} + X^{7/4}.$$

Il y a ici 2 paires caractéristiques (2, 3) et (2, 7) (c'est l'exemple le plus simple avec 2 paires caractéristiques).

Bibliographie

Sir I. Newton :   Traité des fluxions ..., traduit par M. de Buffon (Blanchard 1966).

R. Walker : Algebraic curves (Dover 1962).

F. Pham : Singularités des courbes planes (tiré au centre de mathématiques l'Ecole Polytechnique 1971).

S. Lefshetz : Algebraic geometry (Princeton 1953).

9

Théorie locale des intersections de courbes

9.1 Branches = places (où on fait le point sur ce qui a précédé)

Dans tout ce qui suit, K sera un corps algébriquement clos de caractéristique 0. Si $K = \mathbb{C}$, tout ce qu'on va dire se transporte *mutatis mutandis* aux séries convergentes.

Soit $f \in K[[X, Y]]$, $f(0, 0) = 0$. On appellera « *courbe plane (formelle)* » définie par f la classe d'équivalence de f modulo la relation d'équivalence $f \sim g$ s'il existe une unité $u \in K[[X, Y]]$ telle que $g = u \cdot f$ (comparer à la définition d'une courbe algébrique plane : c'est l'idéal engendré par f qui nous intéresse).

La considération de changements de coordonnées formels conduit à considérer la *courbe « à un automorphisme près »* définie par f comme la classe d'équivalence de f modulo la relation d'équivalence suivante :

$f \sim g$ s'il existe une unité $u \in K[[X, Y]]$ et un automorphisme Φ de $K[[X, Y]]$ au-dessus de K tels que $g = u.\Phi(f)$: on remarque que chaque courbe est, à un automorphisme près, représentée par un polynôme distingué $P \in K[[X]][Y]$.

Toute propriété de f qui ne dépend que de la courbe à un automorphisme près définie par f sera dite « *géométrique* » ; par exemple, l'irréductibilité est une propriété géométrique, ainsi que le nombre de facteurs irréductibles dans une décomposition de f.

La courbe définie par la forme initiale f_p de f est appelée « l'ensemble des tangentes » en $(0, 0)$ à la courbe définie par f. On voit facilement que si $g = u \cdot \Phi(f)$, la forme initiale de g est le produit par $u(0)$ de l'image de la forme initiale de f par l'automorphisme linéaire tangent à Φ. En particulier, l'ordre de f est une notion géométrique (c'est le nombre de tangentes comptées avec leur multiplicité) : on l'appelle *multiplicité* de la courbe formelle définie par f.

Si une décomposition de f en facteurs irréductibles s'écrit

$$f = u \cdot f_1^{\alpha_1}, \ldots, f_q^{\alpha_q},$$

on dira que la courbe définie par f a q *branches* distinctes (les courbes définies par $f_1, \ldots, f_q$) et on affectera à la branche définie par f_i la multiplicité α_i.

Le théorème de préparation de Weierstrass permet de définir chaque branche d'une courbe par un polynôme distingué irréductible (à automorphisme près).

Le théorème de Puiseux nous fournit des paramétrages de chaque branche : ceci nous a permis de montrer qu'à chaque branche correspond une seule tangente en $(0, 0)$ et de comprendre complètement la topologie locale en $(0, 0)$ de chaque branche dans la cas convergent.

Nous allons préciser maintenant la nature de l'ensemble de tous les paramétrages de f. Pour cela, il nous faut quelques définitions.

Définition 9.1.1 – *Deux paramétrages de f sont dits équivalents s'ils se déduisent l'un de l'autre par l'action d'un automorphisme de $K[[T]]$ au-dessus de K.*

Autrement dit, $[\alpha(T), \beta(T)] \sim [\tilde{\alpha}(T), \tilde{\beta}(T)]$ s'il existe une unité $u(T) \in K[[T]]$ telle que $\tilde{\alpha}(T) = \alpha(T \cdot u(T))$ et $\tilde{\beta}(T) = \beta(T \cdot u(T))$.

Remarque 9.1.2 – Le lemme 8.1.2 dit exactement qu'un paramétrage $[\tilde{\alpha}(T), \tilde{\beta}(T)]$ pour lequel $\tilde{\alpha}(T)$ est d'ordre $n \neq +\infty$ est équivalent à un paramétrage de la forme $[\alpha(T) = T^n, \beta(T)]$.

Lemme 9.1.3 – *Les paramétrages $[T^{n_1}, \beta_1(T)]$ et $[T^{n_2}, \beta_2(T)]$ de f sont équivalents si et seulement si $n_1 = n_2 = n$, et $\beta_2(T) = \beta_1(\zeta T)$, où $\zeta \in K$, $\zeta^n = 1$.*

La démonstration est évidente.

Définition 9.1.4 – *Un paramétrage $[\alpha(T), \beta(T)]$ de f est dit réductible s'il existe un entier $r \geqslant 2$ et deux paramétrages $[\tilde{\alpha}(T), \tilde{\beta}(T)]$, $[a(T), b(T)]$ de f tels que*

1. *$[\alpha(T), \beta(T)]$ et $[\tilde{\alpha}(T), \tilde{\beta}(T)]$ soient équivalents,*

2. *$\tilde{\alpha}(T) = a(T^r)$, $\tilde{\beta}(T) = b(T^r)$.*

Un paramétrage est dit irréductible s'il n'est pas réductible.

Remarque 9.1.5 – La définition a été faite pour que la notion d'irréductibilité soit invariante par équivalence.

Lemme 9.1.6 – *Le paramétrage $[\alpha(T) = T^n, \beta(T) = \Sigma a_j T^j]$ est réductible si et seulement si l'ensemble formé de n et des j tels que $a_j \neq 0$ a un facteur commun non trivial.*

Démonstration. (Walker p. 95). La condition suffisante étant évidente, supposons qu'il existe $\gamma(T) \in K[[T]]$ d'ordre 1 telle que $\alpha(\gamma(T))$, $\beta(\gamma(T)) \in K[[T^r]]$, $r > 1$.

Affirmation 1 – Si l'on pose $\gamma(T) = T \cdot u(T)$, on a $u(T) \in K[[T^r]]$; en effet, si ce n'est pas le cas, on peut écrire

$$u(T) = u_0 + u_1 T^r + \cdots + u_h T^{hr} + c T^s + \cdots,$$

avec $u_0 \neq 0, c \neq 0$ et $s \neq 0 \pmod{r}$.

$$\text{Alors} \quad \alpha(\gamma(T)) = T^n(u_0 + u_1 T^r + \cdots + u_h T^{hr})^n$$
$$+ nc T^{n+s}(u_0 + u_1 T^r + \cdots + u_h T^{hr})^{n-1} + \cdots$$

Puisque $\alpha(Y(T)) \in K[[T^r]]$ on a $n \equiv 0$ (mod. r); donc $(ncu_0^{n-1}T^{n+s}$, termes d'ordre supérieur$) \in K[[T^r]]$, ce qui entraîne $n + s \equiv 0$ (mod. r), en contradiction avec l'hypothèse.

Écrivons alors $\beta(T) = a_1 T^{n_1} + a_2 T^{n_2} + \cdots + a_k T^{n_k} + a_{k+1} T^{n_{k+1}} + \cdots$, avec $0 < n_1 < n_2 \ldots, a_i \neq 0$ et supposons que n_{k+1} soit le premier des n_i qui ne soit pas divisible par r.

$$\beta(\gamma(T)) = \underbrace{a_1 T^{n_1}(u(T))^{n_1} + \cdots + a_k T^{n_k}(u(T))^{n_k}}_{\in K[[T^r]]} + a_{k+1} T^{n_{k+1}}(u(T))^{n_{k+1}} + \cdots$$

Puisque $\beta(\gamma(T)) \in K[[T^r]]$, il vient

$$a_{k+1} T^{n_{k+1}} u_0^{n_{k+1}} + \text{ termes d'ordre supérieur} \in K[[T^r]]$$

et donc $n_{k+1} \equiv 0$ (mod. r), ce qui est une contradiction. On en déduit que r divise tous les n_i, ce qui montre la condition nécessaire.

Remarque 9.1.7 – Soit Φ l'automorphisme de $K[[X, Y]]$ au-dessus de K défini par $\Phi^{-1}(X) = a(X, Y)$, $\Phi^{-1}(Y) = b(X, Y)$ et soit $[\alpha(T), \beta(T)]$ un paramétrage de f. Alors $[a(\alpha(T), \beta(T)), b(\alpha(T), \beta(T))]$ est un paramétrage de $\Phi(f)$. Si on part d'un paramétrage irréductible (resp. de deux paramétrages équivalents) de f, on obtient un paramétrage irréductible (resp. deux paramétrages équivalents) de $\Phi(f)$.

Définition 9.1.8 – *On appelle place de f (de centre (0,0)) une classe d'équivalence de paramétrages irréductibles de f.*

D'après la remarque qui précède, et puisque les paramétrages de f et de $u \cdot f$ sont les mêmes si u est une unité, les places de f et g se correspondent naturellement si f et g sont équivalentes et on peut parler des places de la courbe à automorphisme près définie par f.

Dans le cadre des séries convergentes, on peut penser à Φ comme à un germe en (0,0) d'automorphisme analytique A de $\mathbb{C}^2$; les places se transforment alors comme les coordonnées des points de $\mathbb{C}^2$.

Du théorème de Puiseux et de ses conséquences, on déduit alors le

Théorème 9.1.9 – *Soit $f \in K[[X, Y]]$, $f(0, 0) = 0$. Il y a correspondance biunivoque entre les branches et les places de la courbe C définie par f (à automorphisme près).*

Démonstration. Représentons C par un polynôme distingué $P \in K[[X]][Y]]$.
Une décomposition de P en facteurs irréductibles s'écrit

$$P = P_1^{\alpha_1} \ldots P_q^{\alpha_q},$$

où pour $i = 1, \ldots, q$, P_i est un polynôme distingué de degré N_i.

On sait qu'alors toutes les racines de P_i sont dans $K[[X^{1/N_i}]]$ (et pas dans $(K[[X^{1/r}]]$ pour $r < N_i)$; de plus, si $\varphi_i(X^{1/N_i})$ est l'une de ces racines, on a

$$P_i = \prod_{k=1}^{N_i}(Y - \varphi_i(\zeta_i^k X^{1/N_i})), \; \zeta_i \text{ racine primitive } N_i^{\text{ème}} \text{ de l'unité dans } K.$$

La donnée de φ_i détermine complètement la branche correspondant à P_i ; d'autre part, la donnée de φ_i équivaut à celle du paramétrage $[\alpha(T) = T^{N_i}, \beta(T) = \varphi_i(T)]$ de P ; ce paramétrage est irréductible (sinon $\exists N_i', \varphi_i \in K[[X^{1/N_i'}]], N_i' < N_i$) ; enfin, les seuls paramétrages du type $[T^n, \beta(T)]$ définissant la même place que le précédent sont de la forme $[T^{N_i}, \varphi_i(\zeta_i^k T)], k = 1, \ldots, N_i$.

Réciproquement, puisque $P(0, Y) \neq 0$, chaque place de P est définie par un paramétrage de la forme $[T^n, \beta(T)]$ et correspond donc à une racine φ_i d'un des P_i.

La correspondance annoncée dans le théorème est ainsi établie via les racines de P dans $K[[X]]^{\star\star}$. Il est alors naturel d'affecter à chaque place la multiplicité α_i de la branche correspondante, c'est-à-dire la multiplicité α_i de l'une quelconque des N_i racines qui lui correspondent.

9.2 Intersection d'une branche et d'une droite passant par l'origine

Soit $f(X, Y) = \Sigma c_{ij} X^i Y^j \in K[[X, Y]]$, $f(0, 0) = 0$, une série formelle irréductible. La courbe formelle définie par f a une seule branche, donc une seule place.

Soit $g(X, Y) = \mu X - \lambda Y \in K[X, Y]$ une forme linéaire non identiquement nulle. La courbe définie par g a une seule branche en (0,0) (c'est une droite passant par l'origine) et l'unique place correspondante est représentée par le paramétrage irréductible $[\gamma(T) = \lambda T, \delta(T) = \mu T]$.

Supposons tout d'abord que $f \in \mathbb{C}[X, Y]$; les points d'intersection des courbes C_f et C_g définies respectivement par f et g sont les points $(\lambda T, \mu T) \in \mathbb{C}^2$ qui vérifient $f(\lambda T, \mu T) = 0$.

On vérifie immédiatement que

$$(C_f, C_g)_{(\lambda T_0, \mu T_0)} = m_{T_0}(F),$$

où $F \in \mathbb{C}[T]$ est défini par $F(T) = f(\lambda T, \mu T)$.

Si on revient au cas général $f \in K[[X, Y]]$, on doit se restreindre à $T_0 = 0$. Avec la définition donnée à la fin du chapitre 6, on a encore

$$(C_f, C_g)_{(0,0)} = m_0(F) = \text{ordre de } f(\lambda T, \mu T).$$

Le nombre d'intersection étant manifestement un invariant géométrique du couple de courbes C_f, C_g, on peut supposer que f est un polynôme distingué ayant pour tangente la droite d'équation Y, c'est-à-dire

$$f = Y^N + \text{termes dans } \mathcal{M}^{N+1}.$$

On a alors

$$(C_f, C_g)_{(0,0)} = \begin{cases} N & \text{si} \quad \mu \neq 0, \\ r = \text{ordre de } f(X, 0) \text{ si } \mu = 0. \end{cases}$$

Remarquons à ce point qu'on aurait pu effectuer le calcul à l'envers : en effet, l'unique place de f est représentée par un paramétrage irréductible de la forme

$$\left[\alpha(T) = T^N, \beta(T) = \sum_{j \geqslant r} a_j T^j \right]$$

et l'ordre de $g(\alpha(T), \beta(T)) = \mu T^N - \lambda \sum_{j \geqslant r} a_j T^j$ est égal à N ou r suivant que $\mu \neq 0$ ou $\mu = 0$. On comprendra ceci au paragraphe suivant.

Remarques 9.2.1 – (**Justification de la définition de multiplicité d'intersection**) – Nous conservons les notations qui précèdent.

1. Le théorème de préparation de Weierstrass (où μ joue le rôle de X, et T le rôle de Y) appliqué à $t^{-N} f(\lambda T, \mu T)$ permet d'écrire

$$t^{-N} f(T, \mu T) = u(\mu, T) \cdot \left(T^{r-N} + \sum_{k=0}^{r-N-1} \gamma_k(\mu) T^k \right),$$

où $u(\mu, T)$ est une unité de $K[[\mu, T]]$, $\gamma_k(\mu) \in K[[\mu]]$, $\gamma_k(0) = 0$.

Dans le cas convergent, cela signifie que $r - N$ points d'intersection différents de l'origine (à condition de les compter avec leur multiplicité) viennent se confondre à l'origine lorsque $\mu \to 0$ (i.e. lorsque $g^{-1}(0)$ tend vers la tangente à la courbe définie par f). Dans l'exemple du cusp $f = Y^2 - X^3$, $N = 2$, $r = 3$, $r - N = 1$, on voit tout en réel. Regarder de même $Y^2 - X^5$.

2. Le théorème de préparation de Weierstrass donne aussi les identités suivantes que le lecteur interprétera sans peine géométriquement :

$$\text{(i)} \qquad f(\lambda_0 T + v, \mu_0 T) = u(v, T) \cdot \left(T^N + \sum_{k=0}^{N-1} \delta_k(v) T^k \right),$$

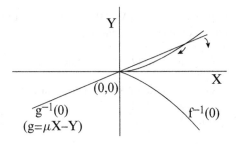

où $u(v, T)$ est une unité de $K[[v, T]]$, $\delta_k(v) \in K[[v]]$, $\delta_k(0) = 0$;

$$(ii) \qquad f(\lambda_0 T + v, \mu T) = u(\mu, v, T) \cdot \left(T^r + \sum_{k=0}^{r-1} \varepsilon_k(\mu, v) T^k \right),$$

où $u(\mu, v, T)$ est une unité de $K[[\mu, v, T]]$, $\varepsilon_k(\mu, v) \in K[[\mu, v]]$, $\varepsilon_k(0, 0) = 0$.

9.3 Intersection de deux courbes formelles

Dans ce qui suit, on considère deux courbes C_f et C_g définies respectivement par $f, g \in K[[X, Y]]$, $f(0, 0) = g(0, 0) = 0$.

Définition 9.3.1 – *Soit P une place de f définie par le paramétrage irréductible $[\alpha(T), \beta(T)]$. L'ordre de $g(\alpha(T), \beta(T))$ s'appelle l'ordre de g à la place P et il est noté $O_P(g)$.*

Remarque fondamentale 9.3.2 – Soit Φ l'automorphisme de $K[[X, Y]]$ au-dessus de K défini par $\Phi^{-1}(X) = a(X, Y)$, $\Phi^{-1}(Y) = b(X, Y)$ et soient u, u' deux unités de $K[[X, Y]]$. Si on remplace P par la place $[a(\alpha(T), \beta(T)), b(\alpha(T), \beta(T))] = [\tilde\alpha(T), \tilde\beta(T)]$ de $u\Phi(f)$ et si on remplace g par $u'\Phi(g)$, on a

ordre de $g(\alpha(T), \beta(T)) = $ ordre de $u'(\tilde\alpha(T), \tilde\beta(T))\Phi(g)(\tilde\alpha(T), \tilde\beta(T))$.

La notion d'ordre de g en P est donc une notion géométrique attachée au couple des deux courbes C_f et C_g. L'étude faite au paragraphe précédent, justifie la

Proposition 9.3.3 – *La somme des ordres de f aux places de g est égale à la somme des ordres de g aux places de f et est égale à la multiplicité d'intersection de C_f et C_g en (0, 0). (Attention, on compte les places avec leur multiplicité).*

Démonstration. En remplaçant au besoin f, g par $u\Phi(f)$ et $u'\Phi(g)$, on peut supposer que f et g sont des polynômes distingués [puisque K est un corps algébriquement clos, K a une infinité d'éléments, et on peut choisir Φ linéaire ; la possibilité de choisir le même Φ pour f et g est assurée par l'existence de $(x, y) \in K^2$ tel que

$f_p(x, y) \neq 0$ et $g_q(x, y) \neq 0$, où f_p (resp. g_q) est la forme initiale de f (resp. de g). On peut donc écrire

$$f = \prod_{i=1}^{m} \left[\prod_{k=1}^{M_i} (Y - \varphi_i(\zeta_i^k X^{1/M_i})) \right]^{\alpha_i},$$

$$g = \prod_{j=1}^{n} \left[\prod_{\ell=1}^{N_j} (Y - \psi_j(\zeta_j^\ell X^{1/N_j})) \right]^{\beta_j},$$

avec ζ_i racine primitive $M_i^{\text{ème}}$ de l'unité dans K et ζ_j racine primitive $N_j^{\text{ème}}$ de l'unité dans K.

La racine $\varphi_i(x^{1/M_i})$ correspond à la place de f définie par le paramétrage irréductible $[T^{M_i}, \varphi_i(T)]$; de même, la racine $\psi_j(x^{1/N_j})$ correspond à la place de g définie par le paramétrage irréductible $[T^{N_j}, \psi_j(T)]$. On a

$$\sum_{\substack{P \text{ places de } f \\ \text{comptées avec} \\ \text{multiplicité.}}} O_P(g) = \sum_{i=1}^{m} \alpha_i \times \text{ordre de } g(T^{M_i}, \varphi_i(T))$$

$$= \sum_{i=1}^{m} \alpha_i \times \text{ordre de } \prod_{k=1}^{M_i} g(X, \varphi_i(\zeta_i^k X^{1/M_i}))$$

$$= \sum_{i=1}^{m} \text{ordre de } \left[\prod_{k=1}^{M_i} g(X, \varphi_i(\zeta_i^k X^{1/M_i})) \right]^{\alpha_i}$$

$$= \text{ordre de } \prod_{i=1}^{m} \left[\prod_{k=1}^{M_i} g(X, \varphi_i(\zeta_i^k X^{1/M_i})) \right]^{\alpha_i}$$

$$= \text{ordre } \prod_{i=1}^{m} \prod_{k=1}^{M_i} \prod_{j=1}^{n} \prod_{\ell=1}^{N_j} \left[\varphi_i(\zeta_i^k X^{1/M_i}) - \psi_j(\zeta_j^\ell X^{1/N_j}) \right]^{\alpha_i \beta_j}$$

On arrive à une expression faisant jouer un rôle symétrique à f et g, ce qui montre que :

$$\sum_{\substack{\left[\begin{array}{l} P \text{ places de } f \\ \text{comptées avec} \\ \text{multiplicité.} \end{array} \right.}} O_P(g) = \sum_{\substack{\left[\begin{array}{l} Q \text{ places de } g \\ \text{comptées avec} \\ \text{multiplicité.} \end{array} \right.}} O_Q(f).$$

Si on note $\sigma_1, \ldots, \sigma_M$ les $M = \sum\limits_{i=1}^{m} \alpha_i M_i$ racines distinctes ou confondues de f dans $K[[X]]^\star$ et de même $\tau_1, \ldots \tau_N$ les $N = \sum\limits_{j=1}^{n} \beta_j N_j$ racines distinctes ou confondues de g dans $K[[X]]^\star$, on voit que l'expression calculée n'est autre que

$$(C_f \cdot C_g)_{(0,0)} = \text{ordre de} \prod_{\alpha=1}^{M} \prod_{\beta=1}^{N} (\sigma_\alpha - \tau_\beta) = \text{ordre de } R_{f,g}.$$

Remarques 9.3.4 – 1. Si les deux courbes ont une branche commune, leur multiplicité d'intersection est infinie.

2. On aurait pu se contenter de calculer la multiplicité d'intersection de deux branches ; la multiplicité d'intersection de C_f et C_g est alors la somme de ces multiplicités pour tous les couples possibles de branches des 2 courbes, en faisant intervenir chaque branche un nombre de fois égal à sa multiplicité.

3. *Interprétation géométrique dans le cas convergent* (comparer avec la remarque 5.2.5) : supposons pour simplifier que f et g aient une seule branche ; on coupe les deux courbes par une parallèle à Oy d'abscisse x tendant vers 0 et on fait le produit de tous les segments ayant pour extrémités un point d'intersection avec $f^{-1}(0)$ et un point d'intersection avec $g^{-1}(0)$: la multiplicité d'intersection des deux branches est l'ordre de cet infiniment petit par rapport à x.

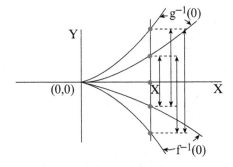

ATTENTION ! Ne pas oublier qu'il s'agit de courbes complexes et qu'un dessin réel peut ne pas montrer tous les points d'intersection !)

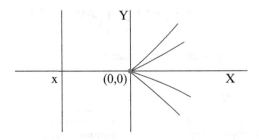

Exercice – Calculer $(C_f \cdot C_g)_{(0,0)}$ pour les courbes $f = (X^2 + Y^2)^2 - (X^2 - Y^2)$ et $g = (X^2 + Y^2)^2 + (X^2 - Y^2)$. Faire un dessin dans $\mathbb{R}^2$.

4. *Cas où les deux courbes n'ont aucune tangente en commun* : montrer que si deux courbes formelles n'ont aucune tangente commune, leur multiplicité d'intersection est le produit de leurs multiplicités (ordres), c'est-à-dire la multiplicité d'intersection de leurs tangentes.

Exemple – vérifier ceci sur les couples de courbes $f = Y^2 - X^3$, $g = X^2 - Y^3$.

Montrer que la multiplicité d'intersection est en général supérieure au produit des multiplicités des courbes.

Exemple – $f = Y^2 - X^3$, $g = Y^2 - X^5$.

9.4 Lectures

1. Il est bon, à ce point, de lire le chapitre 7 de Fulton, en particulier la proposition 2 du § 5 qui globalise ce qui précède, en montrant que si f et g sont des polynômes, la multiplicité d'intersection $(C_f \cdot C_g)_P$ peut se décrire à l'aide d'une courbe gauche non singulière Γ birationnellement équivalente à C_f (modèle non singulier) : les places de f en P correspondent alors aux points de Γ au-dessus de P.

2. Pour avoir une vue d'ensemble rapide sur pas mal d'aspects de la théorie des courbes, lire l'article de Sh. Abhyankar : Historical Ramblings in Algebraic Geometry and Related Algebra dans American Mathematical Monthly vol. 83 n°6, June, July 1976, p. 409–448.

C'est un petit chef-d'oeuvre.

Appendice

Un critère de rationalité pour les séries formelles à coefficients dans un corps (d'après Bourbaki)

Lemme 1 – *Soit K un corps et $f = \sum_{n=0}^{\infty} a_n X^n \in K[[X]]$. Une condition nécessaire et suffisante pour que f soit rationnelle (i.e. $f \in \mathcal{O}_0(K)$) est qu'il existe un entier q, des éléments $\lambda_0, \ldots, \lambda_{q-1} \in K$ et un entier d, tels que*

$$\forall n \geqslant d, \ \lambda_0 a_n + \lambda_1 a_{n+1} + \cdots + \lambda_{q-1} a_{n+q-1} + a_{n+q} = 0.$$

Démonstration. Cela revient à écrire

$$(\lambda_0 X^q + \lambda_1 X^{q-1} + \cdots + 1) \cdot f(X) = \text{polynôme de degré} \leqslant d + q - 1.$$

Definition *On appelle déterminant d'Hankel de f l'expression*

$$H_n^k = \det \begin{pmatrix} a_n & a_{n+1} \cdots\cdots\cdots a_{n+k} \\ a_{n+1} & a_{n+2} \cdots\cdots\cdots a_{n+k+1} \\ \vdots \\ \vdots \\ \vdots \\ a_{n+k} & a_{n+k+1} \cdots\cdots a_{n+2k} \end{pmatrix}.$$

Lemme 2 – *S'il existe un couple d'entiers (d, q) tel que*

$$\forall n \geqslant d, \ H_n^{q-1} \neq 0 \text{ et } H_n^q = 0,$$

alors f est rationnelle.

Démonstration. De l'hypothèse $H_d^{q-1} \neq 0$, on déduit que le système d'équations linéaires

$$(\Sigma_d) \begin{cases} a_d X_0 + a_{d+1} X_1 + \cdots + a_{d+q-1} X_{q-1} = -a_{d+q} \\ a_{d+1} X_0 + a_{d+2} X_1 + \cdots + a_{d+q} X_{q-1} = -a_{d+q+1} \\ \dotfill \\ a_{d+q-1} X_0 + a_{d+q} X_1 + \cdots + a_{d+2q-2} X_{q-1} = -a_{d+2q-1} \end{cases}$$

a une solution *unique* $\lambda_0, \ldots, \lambda_{q-1}$. Cette solution est compatible avec l'équation

$$a_{d+q} X_0 + a_{d+q+1} X_1 + \cdots + a_{d+2q-1} X_{q-1} = -a_{d+2q}$$

à cause de l'hypothèse $H_d^q = 0$. Il est alors clair par récurrence que cette solution est compatible avec l'équation

$$a_n X_0 + a_{n+1} X_1 + \cdots + a_{n+q-1} X_{q-1} = -a_{n+q}$$

dès que $n \geqslant d$. On conclut par le lemme 1.

Lemme 3 (Hadamard) – *Pour tout n et tout k, on a l'identité*

$$H_n^k \cdot H_{n+2}^{k-2} = H_n^{k-1} \cdot H_{n+2}^{k-1} - (H_{n+1}^{k-1})^2.$$

Ce lemme est un corollaire du *lemme du pivot* que nous démontrons plus loin. Auparavant, nous allons en tirer quelques conséquences.

Théorème 1 – *Une condition nécessaire et suffisante pour que f soit rationnelle est qu'il existe un couple d'entiers (n_0, k) tel que $\forall n \geqslant n_0$, $H_n^k = 0$.*

Démonstration. La condition est manifestement nécessaire ; pour voir qu'elle est suffisante, on se ramène à la situation du lemme 2.

Si $H_n^k = 0$ pour $n \geqslant n_0$, on déduit du lemme 3 que

$$\begin{cases} \text{ou bien } H_{n_0}^{k-1} = 0 \text{ et alors } H_n^{k-1} = 0 \text{ pour } n \geqslant n_0, \\ \text{ou bien } H_{n_0}^{k-1} \neq 0, H_{n_0+1}^{k-1} = 0 \text{ et alors } H_n^{k-1} = 0 \text{ pour } n \geqslant n_0 + 1, \\ \text{ou bien } H_{n_0}^{k-1} \neq 0, H_{n_0+1}^{k-1} \neq 0 \text{ et alors } H_n^{k-1} \neq 0 \text{ pour } n \geqslant n_0. \end{cases}$$

Par récurrence, on voit que :

Ou bien $H_n^0 = 0$ pour $n \geqslant n_0 + k$,

Ou bien il existe un couple (d, q) avec $H_n^{q-1} \neq 0$ et $H_n^q = 0$ pour $n \geqslant d$.

Dans le premier cas, f est un polynôme ; dans le deuxième cas, c'est une fraction rationnelle d'après le lemme 2.   c.q.f.d.

Definition – *On appelle déterminants de Kronecker les déterminants $D_n = H_0^n$.*

Théorème 2 – *Une condition nécessaire et suffisante pour que f soit rationnelle est qu'il existe un entier p tel que $D_n = 0$ pour $n \geqslant p$ (ce qui revient à dire que la série formelle $\sum\limits_{n \geqslant 0} D_n X^n$ est un polynôme !).*

Démonstration. – Supposons tout d'abord que $D_n = 0$ pour $n \geqslant p$; il vient, d'après le lemme 3 (remplacer n par 0 et k par $n + 1$)

$$H_0^{n+1} \cdot H_2^{n-1} = H_0^n - (H_1^n)^2, \text{ d'où on déduit } H_1^n = 0 \text{ pour } n \geqslant p$$

et par récurrence $H_j^n = 0$ pour tout j dès que $n \geqslant n_0$; f est donc rationnelle d'après le théorème 1.

Réciproquement, supposons f rationnelle ; il existe alors d, q avec

$$0.a_0 + 0.a_1 + \cdots + 0.a_{d-1} + \lambda_0.a_d + \cdots + \lambda_{q-1}a_{d+q-1} + a_{d+q} = 0,$$
$$0.a_1 + 0.a_2 + \cdots + 0.a_d + \lambda_0.a_{d+1} + \cdots + \lambda_{q-1}a_{d+q} + a_{d+q+1} = 0,$$
$$\dots\dots\dots\dots\dots\dots\dots\dots\dots\dots\dots\dots etc$$

On a donc $D_n = 0$ pour $n \geqslant d + q$.   c.q.f.d.

Un exemple d'application – *La série $e^X = 1 + X + \frac{X^2}{2!} + \cdots + \frac{X^n}{n!} + \cdots$ n'est pas rationnelle.*

On calcule $H_n^k = \det\left(\frac{1}{(n+j+i)!}\right)_{\substack{0 \leqslant j \leqslant k \\ 0 \leqslant i \leqslant k}}$.

$$H_n^k = \frac{1}{n!(n+1)!\dots(n+k)!}A, \text{ avec } A = \det\left(\frac{(n+i)!}{(n+j+i)!}\right)_{\substack{0 \leqslant j \leqslant k \\ 0 \leqslant i \leqslant k}}.$$

En retranchant la 2ème colonne de la 1ère, la 3ème de la 2ème, *etc* …, il vient

$$A = (-1)^k \det\left(\frac{j(n+i)!}{(n+j+i+1)!}\right)_{\substack{1 \leqslant j \leqslant k \\ 0 \leqslant i \leqslant k-1}} = (k!)(n!(n+1)!\dots(n+k-1)!)B,$$

$$\text{avec } B = \det\left(\frac{1}{(n+j+i+1)!}\right)_{\substack{1 \leqslant j \leqslant k \\ 0 \leqslant i \leqslant k-1}} = \det\left(\frac{1}{(n+2+j+i)!}\right)_{\substack{0 \leqslant j \leqslant k-1 \\ 0 \leqslant i \leqslant k-1}},$$

c'est-à-dire $B = H_{n+2}^{k-1}$. En définitive, $H_n^k = (-1)^k \frac{k!}{(n+k)!} H_{n+2}^{k-1}$. On en déduit par récurrence que $H_n^k \neq 0$ pour tout n et tout k.   c.q.f.d.

Lemme du pivot (démonstration de B. Morin) – *Soit $M = (a_{ji})_{\substack{1 \leqslant j \leqslant n \\ 1 \leqslant i \leqslant n}}$ une matrice à coefficients dans un anneau commutatif A.*

Soit $\Delta = \det M \in A$. Soit δ le déterminant de la matrice obtenue à partir de M en supprimant les lignes et les colonnes d'indice $> k$. Soit δ_j^i le déterminant de la matrice obtenue à partir de M en supprimant toutes les lignes d'indice $> k$ sauf celle d'indice j et toutes les colonnes d'indice $> k$ sauf celle d'indice i (on suppose $k + 1 \leqslant i, j \leqslant n$). On a

$$\delta^{n-k-1} \cdot \Delta = \det(\delta_j^i)_{\substack{k+1 \leqslant j \leqslant n \\ k+1 \leqslant i \leqslant n}}.$$

Démonstration. Notons

$$M = \begin{pmatrix} \overbrace{A}^{k} & \overbrace{B}^{n-k} \\ C & D \end{pmatrix} \begin{matrix} \}k \\ \}n-k \end{matrix} \quad .$$

La matrice A' des cofacteurs des éléments de A vérifie $AA' = A'A = \delta. I_k$, où $\delta = \det A$ et où I_k est la matrice identité à k lignes et k colonnes.

$$\text{Soit} \quad N = \begin{pmatrix} \overbrace{A}^{k} & \overbrace{O}^{n-k} \\ -CA' & \delta I_{n-k} \end{pmatrix} \begin{matrix} \}k \\ \}n-k \end{matrix} \quad ; \text{ il vient}$$

$$NM = \begin{pmatrix} \delta I_k & A'B \\ O & D' \end{pmatrix}, \text{ où}$$

$$D' = -CA'B + \delta D$$

On a $\delta^k \det D' = \det NM = \det N \det M = \det A' \delta^{n-k} \det M$; on a de plus $\det A \det A' = \delta^k$ et donc

$$\delta^{k+1} \det D' = \delta^n \det M, \text{ ou encore}$$
$$\delta^{n-k-1} \Delta = \det D'.$$

Enfin, il reste à voir que $D' = (\delta_j^i)_{\substack{k+1 \leqslant j \leqslant n \\ k+1 \leqslant i \leqslant n}}$; il suffit d'écrire

$$D'_{ji} = - \sum_{1 \leqslant \alpha, \beta \leqslant k} C_{j\alpha} A'_{\alpha\beta} B_{\beta i} + \delta D_{ji}$$

et de développer $A'_{\alpha\beta}$ pour s'apercevoir que $D'_{ji} = \delta_j^i$.   c.q.f.d.

Remarques – 1. La démonstration est bien naturelle si on remarque que pour les matrices du type N ou NM, le théorème est évident.

2. On a des énoncés équivalents lorsque δ est le déterminant d'un mineur $k \times k$ qui n'est plus « en haut à gauche » ; il suffit de faire un certain nombre de permutations de lignes et de colonnes, d'où l'apparition d'un signe.

Par exemple, la situation du lemme de Hadamard est schématisée sur le dessin ci-dessous (il n'y a pas de signe ici car la situation est symétrique par rapport à la diagonale) :

3. Le lemme du pivot joue un rôle important dans l'étude de la géométrie de « l'espace des matrices $n \times n$ ».

Liste d'exercices et problèmes

1. Exercices généraux sur les anneaux (commutatifs)

1.1 –

Soit A un anneau intègre, K son corps des fractions. Un élément x de K est dit entier sur A si x est racine d'un polynôme *unitaire*

$$X^n + a_1 X^{n-1} + \cdots + a_n \in A[X].$$

1. Montrer que si A est factoriel, les seuls éléments de K entiers sur A sont les éléments de A (on dit que A est intégralement clos).

2. Lire dans Godement la définition d'un *module sur un anneau* et celle d'un module *de type fini* (correspond dans le cas des corps à un e.v. de dimension finie). Si x est un élément de K, on note $A[x]$ le plus petit sous-anneau de K contenant A et x. Montrer que x est entier sur A si et seulement si $A[x]$ est un module de type fini sur A (la structure de module est celle donnée par la multiplication dans K).

1.2 –

Soit A un anneau dans lequel pour tout $x \in A$, il existe $n \in \mathbb{N}$, tel que $x^n = x$. Montrer que tout idéal premier est maximal. (utiliser les caractérisations $\mathscr{P}$ premier $\Leftrightarrow A/\mathscr{P}$ intègre, et $\mathscr{P}$ maximal $\Leftrightarrow A/\mathscr{P}$ est un corps).

1.3 –

Soit A un anneau et $X \in A$ un élément nilpotent (i.e. $\exists n \in \mathbb{N}$, $x^n = 0$). Montrer que $1 + x$ est une unité de A. En déduire que si $u \in A$ est une unité et $x \in A$ un élément nilpotent, $u + x$ est une unité.

1.4 –

Soit A un anneau, $\mathscr{P}$, $\mathscr{P}_1$, $\mathscr{P}_2$ trois idéaux premiers de A. Montrer que, si $\mathscr{P} = \mathscr{P}_1 \cdot \mathscr{P}_2$ (ensemble des sommes finies $\sum_i a_i \cdot b_i$, où $a_i \in \mathscr{P}_1$, $b_i \in \mathscr{P}_2$), on a $\mathscr{P} = \mathscr{P}_1$ ou $\mathscr{P} = \mathscr{P}_2$.

1.5 –

Montrer qu'un anneau A est un corps si et seulement si pour tout anneau B et tout homomorphisme $\Phi : A \to B$, Φ est injectif.

2. Exercices sur les polynômes

2.1 –

Soit I un idéal de $\mathbb{R}[X_1, \ldots, X_n]$, et $V(I)$ la variété des zéros de I (i.e. l'ensemble des $(x_1, \ldots, x_n) \in \mathbb{R}^n$ tels que $\forall P \in I$, $P(x_1, \ldots, x_n) = 0$). Montrer qu'il existe $P_0 \in I$ tel que V(I) soit exactement l'ensemble des $(x_1, \ldots, x_n) \in \mathbb{R}^n$ tels que $P_0(x_1, \ldots, x_n) = 0$.

A-t-on la même propriété si $\mathbb{R}$ est remplacé par $\mathbb{C}$?

2.2 –

1. Soit A un anneau, I un idéal de A. On note $I[X]$ le sous-ensemble de $A[X]$ formé des polynômes à coefficients dans I.

Montrer que $I[X]$ est un idéal de $A[X]$.

2. Si I est un idéal premier de A, $I[X]$ est-il un idéal premier de $A[X]$?

3. Même question en remplaçant premier par maximal.

2.3 –

1. Écrire l'équation (homogène) générale d'une courbe algébrique du 4ème degré dans $P_2(\mathbb{C})$ ayant les points $(1, 0, 0)$, $(0, 1, 0)$ et $(0, 0, 1)$ comme points singuliers.

2. En déduire l'équation générale d'une courbe algébrique du 4ème degré dans $P_2(\mathbb{C})$ ayant les points (X_1, Y_1, Z_1), (X_2, Y_2, Z_2), (X_3, Y_3, Z_3) (supposés non alignés) comme points singuliers.

2.4 –

Soient $A, B, C, D \in P_2(\mathbb{C})$ quatre points non trois à trois alignés, et soit δ une droite passant par A.

1. Montrer qu'il existe une conique passant par A, B, C, D et tangente en A à δ.

2. En déduire qu'une courbe algébrique *irréductible* du 4ème degré dans $P_2(\mathbb{C})$ a au plus 3 points singuliers.

3. Donner un contre-exemple dans le cas *réductible*.

3. Exercices sur les séries formelles et convergentes

3.1 –

Soit K un corps de caractéristique 0, n un entier $\neq 0$.

1. Soit $u(X) = 1 + u_1 X + \cdots + u_p X^p + \cdots \in K[[X]]$.

Montrer qu'il existe $V(X) \in K[[X]]$ telle que $V^n = u$ et calculer V en fonction de u. (On pourra prendre modèle sur la démonstration de « u inversible $\Leftrightarrow u(0) \neq 0$ »).

2. En déduire que, si de plus K est algébriquement clos, une condition nécessaire et suffisante pour qu'il existe $V \in K[[X]]$ telle que $V^n = u$ est que l'ordre de u soit un multiple (éventuellement nul) de n.

3. Montrer le même résultat en remplaçant séries formelles par séries convergentes.

4. Montrer que l'analogue de 2) est faux si $K = \mathbb{R}$.

3.2 –

Soit $f \in \mathbb{Q}[[X]]$. On suppose qu'il existe $g \in \mathbb{R}[[X]]$ telle que $g(f(X)) = X = f(g(X))$. Montrer que $g \in \mathbb{Q}[[X]]$.

3.3 – Formule de Taylor :

On rappelle que, si $f = \sum a_{i_1 \ldots i_n} X_1^{i_1} \ldots X_n^{i_n} \in K[[X_1, \ldots, X_n]]$, on définit ses dérivées partielles par $\frac{\partial f}{\partial X_k} = \sum i_k a_{i_1 \ldots i_n} X_1^{i_1} \ldots X_k^{i_k - 1} \ldots X_n^{i_n}$. On vérifie facilement la commutation $\left(\frac{\partial}{\partial X_k} \right) \left(\frac{\partial}{\partial X_{k'}} \right) f = \left(\frac{\partial}{\partial X_{k'}} \right) \left(\frac{\partial}{\partial X_k} \right) f$.

1. Montrer que, si $f(X) \in K[[X]]$ et si on note $f(X + Y) = \sum_{i \geqslant 0} g_i(X) Y^i$, on a

$$i! g_i(X) = \left(\frac{\partial}{\partial X} \right)^i f(X).$$

2. Montrer de même que, si $f(X_1, \ldots, X_n) \in K[[X_1, \ldots, X_n]]$, et si

$$f(X_1 + Y_1, \ldots, X_n + Y_n) = \sum g_{i_1 \ldots i_n}(X_1, \ldots, X_n) Y_1^{i_1} \ldots Y_n^{i_n}, \text{ on a}$$

$$i_1! \ldots i_n! g_{i_1 \ldots i_n}(X_1, \ldots, X_n) = \left(\frac{\partial}{\partial X_1} \right)^{i_1} \ldots \left(\frac{\partial}{\partial X_n} \right)^{i_n} f(X_1, \ldots, X_n).$$

3. Soient $f, \varphi \in K[[X]]$, $\varphi(0) = 0$. On pose $F(X) = f(\varphi(X))$. Montrer que $\frac{\partial F}{\partial X}(X) = \left(\frac{\partial f}{\partial X} \right)(\varphi(X)) \cdot \frac{\partial \varphi}{\partial X}(X)$ (remarquer que, d'après la première question, $\frac{\partial F}{\partial X}(X)$ est le coefficient de Y dans $F(X + Y)$).

4. Montrer de même que, si $f, \varphi_1, \ldots, \varphi_n \in K[[X_1, \ldots, X_n]]$ avec

$\varphi_1(0, 0, \ldots, 0) = \cdots = \varphi_n(0, 0, \ldots, 0) = 0$ et si
$F(X_1, \ldots, X_n) = f(\varphi_1(X_1, \ldots, X_n), \ldots, \varphi_n(X_1, \ldots, X_n))$, on a

$$\frac{\partial F}{\partial X_i}(X_1, \ldots, X_n)$$

$$= \sum_{j=1}^{n} \left(\frac{\partial f}{\partial X_j} \right) (\varphi_1(X_1, \ldots, X_n), \ldots, \varphi_n(X_1, \ldots, X_n)) \cdot \frac{\partial \varphi_j}{\partial X_i}(X_1, \ldots, X_n).$$

3.4 –

Soit K un corps et $f \in K[[X, Y]]$. On note $\mathcal{M}$ l'idéal maximal de $K[[X, Y]]$ et $\mathcal{J}(f)$ l'idéal engendré par les dérivées partielles $\frac{\partial f}{\partial X}$ et $\frac{\partial f}{\partial Y}$. Rappelons que $\mathcal{M}\mathcal{J}^2(f)$ désigne l'idéal formé des éléments $g \in K[[X, Y]]$ qui s'écrivent d'une façon au moins comme somme finie de produits $h_1 h_2 h_3$, avec $h_1 \in \mathcal{M}$, $h_2, h_3 \in \mathcal{J}(f)$.

1. Montrer que l'idéal $\mathcal{M}\mathcal{J}^2(f)$ est engendré par les éléments

$$X\left(\frac{\partial f}{\partial X}\right)^2, X\left(\frac{\partial f}{\partial X}\right)\left(\frac{\partial f}{\partial Y}\right), X\left(\frac{\partial f}{\partial Y}\right)^2, Y\left(\frac{\partial f}{\partial X}\right)^2, Y\left(\frac{\partial f}{\partial X}\right)\left(\frac{\partial f}{\partial Y}\right), Y\left(\frac{\partial f}{\partial Y}\right)^2.$$

2. On se propose de montrer que $\forall f \in \mathcal{M}^2$, $\forall g \in \mathcal{M}\mathcal{J}^2(f)$, il existe des éléments $w_1, w_2 \in \mathcal{M}$ de la forme

$$w_1(X, Y) = X + \sum_{i+j \geqslant 2} \alpha_{ij} X^i Y^j, \quad w_2(X, Y) = Y + \sum_{i+j \geqslant 2} \beta_{ij} X^i Y^j$$

tels que
$$f(w_1(X, Y), w_2(X, Y)) = f(X, Y) + g(X, Y).$$

Autrement dit. il existe un automorphisme Φ de $K[[X, Y]]$ tangent à l'identité tel que $\Phi(f) = f + g$: *à un automorphisme près, la perturbation g n'a pas modifié f ! ! !*). Pour cela on écrit

$$g(X, Y) = a_1(X, Y)\frac{\partial f}{\partial X}(X, Y) + b_1(X, Y)\frac{\partial f}{\partial Y}(X, Y), \text{ avec } a_1, b_1 \in \mathcal{M}\mathcal{J}(f).$$

(2a) Déduire de la formule de Taylor que

$$f(X + a_1(X, Y), Y + b_1(X, Y)) - f(X, Y) - g(X, Y) \in \mathcal{M}^2\mathcal{J}^2(f).$$

(2b) Soient $a, b \in \mathcal{M}\mathcal{J}(f)$. On note $F(X, Y) = f(X + a(X, Y), Y + b(X + Y))$. Montrer que

$$\frac{\partial F}{\partial X}(X, Y) - \frac{\partial f}{\partial X}(X, Y) \in \mathcal{M}\mathcal{J}(f) \text{ et de même}$$

$$\frac{\partial F}{\partial Y}(X, Y) - \frac{\partial f}{\partial Y}(X, Y) \in \mathcal{M}\mathcal{J}(f).$$

(On utilisera la fin de l'exercice précédent et on remarquera que l'hypothèse $f \in \mathcal{M}^2$ entraîne $\mathcal{J}(f) \subset \mathcal{M}$; en particulier, si $\varphi \in \mathcal{M}\mathcal{J}(f)$, on a $\frac{\partial \varphi}{\partial X} \in \mathcal{M}$, et $\frac{\partial \varphi}{\partial Y} \in \mathcal{M}$.)

(2c) On suppose qu'il existe $a_1, \ldots, a_s, b_1, \ldots, b_s \in K[[X, Y]]$ tels que $\forall s \geqslant 1, a_s, b_s \in \mathcal{M}^s\mathcal{J}(f)$, et

$$f(X + a_1(X, Y) + \cdots + a_s(X, Y), Y + b_1(X, Y) + \cdots + b_s(X, Y))$$
$$- f(X, Y) - g(X, Y) \in \mathcal{M}^{s+1}\mathcal{J}^2(f).$$

On note

$$F(X, Y) = f(X + a_1(X, Y) + \cdots + a_s(X, Y), Y + b_1(X, Y) + \cdots + b_s(X, Y)).$$

En raisonnant comme en 2a), déduire de la question précédente qu'il existe α, $\beta \in \mathcal{M}^{s+1}\mathcal{J}(f)$ tels que

$$F(X + \alpha(X, Y), Y + \beta(X, Y)) - f(X, Y) - g(X, Y) \in \mathcal{M}^{s+2}\mathcal{J}^2(f).$$

(2d) Déduire de ce qui précède par récurrence l'existence de w_1 et w_2 cherchés.

(2e) On suppose qu'il existe un entier k tel que $\mathcal{J}(f) \supset \mathcal{M}^k$. Que peut-on déduire sur f de ce qu'on vient de démontrer.

(2f) Donner un exemple de f pour laquelle $\mathcal{J}(f)$ ne contient aucune puissance de $\mathcal{M}$.

(2g) Appliquer ce qui précède à la démonstration de l'existence d'un automorphisme de $K[[X, Y]]$ qui transforme $X^2 + Y^3 + X^2Y^3 + Y^5 + 2Y^7 + 3Y^9 + 4Y^{11} + \cdots$ en $X^2 + Y^3$.

3.5 –

Soit $f = -Y^3 + Y^2 + 2XY + X^2 \in \mathbb{C}[X, Y]$.

1. Trouver, par la méthode de Puiseux, le début du développement des racines de f dans $\mathbb{C}((X))^*$.

f est-il irréductible dans $\mathbb{C}[[X, Y]]$? Dans $\mathbb{C}[[X]][Y]$?

2. Trouver les premiers termes de l'unité $u \in \mathbb{C}[[X, Y]]$ et du polynôme distingué $P \in \mathbb{C}[[X]][Y]$ donnés par la méthode de Weierstrass ($f = $ u.P).

Comparer au résultat précédent.

3.6 –

Faire le calcul complet (c'est possible !) de toutes les racines dans $\mathbb{C}((X))^*$ de

$$f = Y^4 - 2X^3Y^2 - 4X^5Y + X^6 - X^7.$$

3.7 –

Faire le calcul de début du développement des racines dans $\mathbb{C}((X))^*$ de

$$f_1 = Y^4 - 2X^3Y^2 - 4X^5Y + X^6,$$
$$f_2 = Y^5 + 2XY^4 - XY^2 - 2X^2Y - X^3 + X^4.$$

Peut-on dire dans chaque cas quel est le plus petit q pour lequel une solution est dans $\mathbb{C}((X^{1/q}))$?

3.8 –

Trouver les premiers termes du développement des racines dans $\mathbb{C}((X))^*$ de

$$f_1 = Y^7 - 3XY^5 + 3X^2Y^3 - X^3Y + X^4,$$
$$f_2 = 2Y^5 - XY^3 + 2X^2Y^2 - X^3Y + 2X^5.$$

Problème 1

Un anneau A est dit *artinien* si toute suite décroissante d'idéaux est stationnaire (*i.e.* $I_1 \supset I_2 \supset \cdots \supset I_n \supset I_{n+1} \supset \cdots \Rightarrow \exists k_0, I_k = I_{k_0}$ pour $k \geqslant k_0$).

1. Montrer que si I est un idéal de l'anneau *artinien* A, alors A/I est artinien.
2. Montrer qu'un anneau artinien intègre est un corps (si $x \in A$, regarder la suite des idéaux $I_n = Ax^n$).
3. Déduire de 1 et 2 que tout idéal premier d'un anneau artinien est maximal.
4. Montrer que A est artinien si et seulement si toute famille $(I_\alpha)_{\alpha \in \mathscr{E}}$ d'idéaux a un élément minimal pour l'inclusion, i.e.

$$\exists \alpha_0 \in \mathscr{M}, \forall \alpha \in \mathscr{M}, (I_\alpha \subset I_{\alpha_0}) \Rightarrow (I_\alpha = I_{\alpha_0}).$$

5. En considérant la famille des idéaux de la forme $\mathscr{M}_{i_1} \cap \cdots \cap \mathscr{M}_{i_r}$ (où les $\mathscr{M}_{i_k}$ sont des idéaux maximaux de A artinien) déduire de 4) qu'il existe des idéaux maximaux $\mathscr{M}_1, \ldots, \mathscr{M}_k$ (k fini) de A tels que tout idéal maximal de A contienne $\mathscr{M}_1 \cap \cdots \cap \mathscr{M}_k$.
6. Soit A un anneau *quelconque*, $P_1, \ldots, P_k$ des idéaux de A, P un idéal *premier* de A tel que $P \supset P_1 \cap \cdots \cap P_k$. Montrer qu'il existe $k_0, 1 \leqslant k_0 \leqslant k$, tel que $P \supset P_k$.
7. Déduire de 5) et 6) qu'un anneau *artinien* ne possède qu'un nombre *fini* d'idéaux maximaux.
8. Soit A un anneau *quelconque* ; montrer que si x est dans l'intersection de tous les idéaux maximaux de A, alors $1 - x$ est inversible.
9. Soit A un anneau *artinien* et *noethérien*, $\mathscr{M}_1, \ldots, \mathscr{M}_k$ les idéaux maximaux (voir 7) ; montrer qu'il existe un entier n tel que $\left(\prod_{i=1}^{k} \mathscr{M}_i \right)^n = \{0\}$. (penser au raisonnement de 2 et utiliser 8 pour montrer que $\forall x \in \prod_{i=1}^{k} \mathscr{M}_i, \exists p, x^p = 0$, puis utiliser un raisonnement classique).
10. Montrer que les idéaux $\mathscr{M}_1^n, \ldots, \mathscr{M}_k^n$ sont deux à deux étrangers et déduire de (9) que si A est artinien et noethérien, $A \mapsto \prod_{i=1}^{k} (A/\mathscr{M}_i^n)$ est un isomorphisme.

11. Montrer que pour tout i, $1 \leqslant i \leqslant k$, $A/\mathcal{M}_i^n$ possède un unique idéal maximal.

12. Soit I_λ l'idéal engendré par les polynômes $y - x^2$ et $y^2 + \lambda^2 xy - x^2 y - x^3$. Pour quelles valeurs du paramètre $\lambda \in \mathbb{C}$ l'anneau $A = \mathbb{C}[X, Y]/I_\lambda$ est-il artinien

P.S. Tout ceci ne vous rappelle-t-il pas quelque chose?

Problème 2

Formules de Plücker

Soit C une courbe algébrique projective réduite de degré d. Soit $F \in \mathbb{C}[X_1, X_2, X_3]$ une équation de C et $P = (a_1, a_2, a_3)$ un point de $P_2(\mathbb{C})$. On appelle *polaire* de P par rapport à C la courbe $\Gamma_P(C) \subset P_2(\mathbb{C})$ dont une équation est

$$\phi_P = \sum_{i=1}^{3} a_i \frac{\partial F}{\partial X_i}.$$

1. Montrer que l'intersection de C et $\Gamma_P(C)$ est formée d'une part des points singuliers de C, d'autre part des points de contact des tangentes à C passant par le point P.
2. Soit $T : \mathbb{C}^3 \to \mathbb{C}^3$ un changement de coordonnées projectives. Montrer que $(\Gamma_P(C))^T = \Gamma_{T^{-1}(P)}(C^T)$.
3. Calculer $(C, \Gamma_P(C))_Q$ dans les cas suivants :
   (i) Q est un point régulier de C et $(C, L)_Q = 2$, où $L = PQ$ est la tangente à C en Q (i.e. Q n'est pas un point d'inflexion de C).
   (ii) Q est un point double ordinaire de C (i.e. $m_Q(C) = 2$ et C a en Q deux tangentes distinctes) et PQ n'est pas tangente à C en Q.
   (iii) Q est un point cusp (fronce) de C (i.e. $m_Q(C) = 2$, C a en Q une seule tangente L et $(C, L)_Q = 3$) et PQ n'est pas tangente à C en Q.
4. Montrer que si aucune composante irréductible de C n'est une droite passant par P les courbes C et $\Gamma_P(C)$ n'ont pas de composante en commun : on pourra remarquer que si $Q \in C \cap \Gamma_P(C)$ est un point régulier de C et si $(C, \Gamma_P(C))_Q$ est infini, la droite PQ est une composante de la courbe C.
5. Montrer que l'intersection de C et de la courbe $H(C)$ d'équation

$$\det \begin{pmatrix} \dfrac{\partial^2 F}{\partial X_1^2} & \dfrac{\partial^2 F}{\partial X_1 \partial X_2} & \dfrac{\partial^2 F}{\partial X_1 \partial X_3} \\[2mm] \dfrac{\partial^2 F}{\partial X_2 \partial X_1} & \dfrac{\partial^2 F}{\partial X_2^2} & \dfrac{\partial^2 F}{\partial X_2 \partial X_3} \\[2mm] \dfrac{\partial^2 F}{\partial X_3 \partial X_1} & \dfrac{\partial^2 F}{\partial X_3 \partial X_2} & \dfrac{\partial^2 F}{\partial X_3^2} \end{pmatrix} = 0$$

est formée des points singuliers de C et des points d'inflexion de C.

Indication : la nullité de ce déterminant équivaut à la dégénerescence de la conique associée à la matrice ; utiliser aussi l'homogénéité des $\frac{\partial F}{\partial X_i}$ pour les écrire en fonction des $\frac{\partial^2 F}{\partial X_i \partial X_j}$.

6. En déduire que, si P est choisi à l'extérieur d'un certain sous-ensemble algébrique $E(C)$ de $P_2(\mathbb{C})$, on a

  (i) $\forall Q \in C$ singulier, PQ n'est pas tangente en Q à C,

  (ii) $\forall Q \in C$ régulier, PQ n'est pas une tangente d'inflexion de C.

7. On suppose maintenant que les seules singularités de C sont δ points doubles ordinaires et χ cusps (voir la définition au 3) et que $P \notin E(C)$.

  Montrer, en utilisant 3, que le nombre τ de tangentes distinctes qu'on peut mener de P à C est donné par la formule $\tau = d(d-1) - 2\delta - 3\chi$ (formule de Plücker).

Index